未来

FUTURE CITIES:
Architecture and the Imagination
Paul Dobraszczyk

之城：

建筑与想象

著 [英] 保罗·多布拉什切齐克
译 刘忆

重庆大学出版社

目录

引言

现 实 与 虚 幻 中 的 未 来 城 市

2013 年 1 月，一张照片拍下了北京高楼上悬挂的灯箱广告，因其酷似 1982 年上映的电影《银翼杀手》①（*Blade Runner*）中的城市场景而在互联网上轰动一时 1。商家趁机向旅游者推出了"银翼杀手之旅"，利用这场生活和艺术、现实与虚幻的邂逅牟利。2017 年，电影的续集《银翼杀手 2049》2 上映之后，这种情形愈演愈烈。这表明我们在真实城市中的经历和对科幻电影、小说和电子游戏中虚构场景的感受之间有着许多共通之处。在超大城市这些年的急速发展之后，往日幻想中的未来世界似乎已经来到大家面前，形成了一个融合过去、现在与将来的

① 《银翼杀手》：美国赛博朋克反乌托邦科幻电影，改编自菲利浦·K. 迪克（Philip K. Dick）的科幻小说《仿生人会梦见电子羊吗？》（*Do Androids Dream of Electric Sheep?*）。

1982 年的电影《银翼杀手》中的一个镜头。

古怪混合体。迪拜或许是这个时代最富未来感的城市，它的城市风景实际上已经充当了 2013 年上映的阿联酋第一部科幻电影《两个太阳的儿子》（*The Sons of Two Suns*）[3] 等影片中明日世界的场景。

我们通常通过幻想来感知未来，换句话说，想象是思考未来的必经之路。不过，目前关于城市未来的种种猜想实际上是一种研究手段，它借助科学假说，描绘可能出现的明日图景，并且将实际经验与源于幻想、更为主观的预测区分开来。城市总是融物质与精神于一炉，它孕育了我们的肉体和灵魂。

而且数字时代的现实与虚幻早已不分彼此——不然何来"银翼杀手之旅"呢？
与其将幻想与理性剥离，我们何不探索一下二者为何相互纠缠，又将如何丰
富我们对未来的理解？

　　本书意在收集十九世纪至今关于未来城市的想象，它们体现在文学、艺
术、建筑场景、电影和电子游戏等丰富多样的形式中，主要目的是将这些虚
构的城市置于建筑实践中，表现二者之间的关联。我们将会看到，未来的景
象无论多么奇异，都确实源于当下——人们为了应对变化而改变了现有的思

路和行为方式。书中将这些对未来城市的描绘归纳为三个主题——迁移的城市（沉没、漂浮与天空之城）、垂直的城市（摩天大楼和密闭空间）以及消亡的城市（废弃与重生之城），每个主题各介绍一系列与城规和建筑工作者眼前的实际议题有关的案例。其中包括气候变化带来的洪涝灾害、快速增长的人口和日益分化的社会阶层，以及技术的失败和社会的崩溃，既有猜想，也有现实。本书的核心，是揭示想象究竟如何影响人们对未来城市的思考，以及它和我们目前对城市的规划设计、在城市当中生活的方式之间有何联系。这是为了将幻想带回现实，或者说幻想已经深深融入现实，这是一种扎根在当下与实践之中的未来主义①（futurism）。

想象之城

想象，即在心中描绘未知的事物。它是一种魔法，将新鲜的景象释放于想象者面前。⁴ 即使被视为一种重要的人体官能，想象力也只有在浪漫主义时期（Romantic period）才受到重视，用来对抗十八世纪出现的科学理性主义（scientific rationalism）潮流。如诗人塞缪尔·泰勒·柯勒律治②（Samuel Taylor Coleridge）所言，对于浪漫主义

①未来主义：未来主义思潮于 20 世纪初产生和发展于意大利，源于意大利诗人菲利波·托马索·马里内蒂（Filippo Tommaso Marinetti）在 1909 年发表的《未来主义宣言》（意大利语：*Manifesto del Futurismo*）。未来主义者对速度、科技等元素的热爱影响了许多现代电影、动漫以及网络社会的意识形态。

②塞缪尔·泰勒·柯勒律治（1772—1834 年）：英国诗人、文评家，英国浪漫主义文学的奠基人之一。其文评集《文学传记》（*Biographia Literaria*）中对想象与幻想的区分尤为著名。

者，想象仿佛流淌于人类清醒意识下的一股汹涌暗流，一股时刻威胁着要吞没和扰乱理智秩序的强大力量。[5] 如今，人们更容易将想象与完全脱离现实生活的"空想"混为一谈。想象背负着"逃跑"的恶名——不愿接受世界的本来面目，遁入虚假梦幻之中，还常常和"幼稚"以及"孩子气"脱不开干系。想象充其量被当作一种对现实世界的点缀，它所孕育的创意艺术，是软化粗粝现实的一种有效却可有可无的手段。然而，人类的想象也带有更严肃的意图，即颠覆和改写真实世界的本质规律或者定义方式。通过超越世界的既定规则，超越那些已知的事物，想象可以到达我们无法预知和未曾体验过的疆域。因此，想象可以说是孕育"现实"的基础，并时刻致力于改变现实。在这里，真实与虚幻并非两个独立的世界，而是随时影响和转化着彼此。[6]

而想象又和城市有什么关系？与这些由我们触手可及的物质建成的城市有什么关系？公元十九世纪，关于城市的文学作品伴随着城市本身的高速发展大量涌现，尤其是在伦敦、纽约和巴黎这些深受工业化影响的城市，这一现象并非巧合。一旦城市发展得如此庞大而复杂，以至于人们无法通过一个单一的意象来理解它时，想象力就必须接过担子，填补我们的认知与广阔城市环境之间的差距。[7] 在查尔斯·狄更斯（Charles Dickens）的小说中，伦敦被描写成一座虚幻和现实交融的城市，某种叠加于真实城市之上的心理投射。如今我们也将伦敦当作狄更斯文字的产物来体验，无论是参加他的文学地标散步之旅，还是间或"体会"某种狄更斯式的城市氛围。类似地，想象到现实的转化现在也发生在"银翼杀手之旅"中。我们提前幻想每一座我们即将参观的城市，这些幻想也许成型于我们欣赏过的画作、观看过的电影、阅读过的小说，也许更加平平无奇——仅仅来自我们在到达这片土地之前查阅过的游览手册和地图。想想卡夫卡（Kafka）笔下的布拉格、伍迪·艾伦（Woody Allen）电影中的纽约，或者维克多·雨果（Victor Hugo）的《悲惨世界》（*Les Misérables*）以及它长盛不衰的音乐剧版本中的巴黎。实际上，许多城市都依赖于这些文字、电影和其他意象带来的旅游业发展，参与其中的不仅是那些为文学大家所建的博物馆或地标场所，还有充斥着诱人画面的整座城市。

很明显，想象在我们感知城市时发挥了重要作用，它是如何影响城市的规划者，也就是那些建筑师和规划师的呢？首先，建筑和城市规划皆从追寻城市的未来蓝图开始，也就是说它们为城市"描绘"各种新鲜的可能。即使建筑设计不得不权衡一系列作家或者电影制作者们无须考虑的限制因素，它本质上也是一种图像创作，将不存在的事物化为实景。尤其在这个数码时代，建筑可视化通常依靠效果图说话，将原本只存在于猜想和虚构中的东西清晰呈现在大家眼前。不过我们通常难以直观感受这些图像可能对城市产生的影响。和好莱坞大片中真实到残酷的电脑合成特效（CGI）一样，许多建筑效果图试图弥合幻想和现实之间的鸿沟，然而正是这道鸿沟为想象提供了土壤，它也警醒我们现实和虚构的差别，我们了解的世界和想要的世界之间的差距。如本书所示，建筑和小说、电影中的故事有着千丝万缕的联系，因此也有着丰富的潜力去创造令人身临其境的虚拟世界。

　　想象既是一种激发建造行为的活性剂，也是一种转化剂。在想象力开始运转之际，产生的并非与世隔绝的单幅画面，而是重新加工后的若干现实意象。换句话说，没有一种幻想不曾拥有过往，没有一个设想可以脱离既定事实。这样看来，对未来而言，历史和想象同样重要："对明日美好城市的渴望早已扎根于往日的幻想中。"[8] 于是，在讨论想象和未来城市之间的关系时，前人的先例总是十分重要，它们构成了那些看似史无前例的近代城市的根基。当迪拜的哈利法塔（Burj Khalifa）于 2010 年建成开放之际，这座摩天大楼当之无愧成为了世界最高建筑，其成就仿佛无人能及。然而令人感到无趣的是，它和弗兰克·劳埃德·赖特（Frank Lloyd Wright）很早之前为芝加哥设计但未建成的一座奇异高楼惊人地相似，[9] 即使哈利法塔的设计者——芝加哥建筑师斯基德莫尔（Skidmore）、奥因斯（Owings）和梅里尔（Merrill）否认了这个方案的启发作用。[10] 无论哈利法塔真实的借鉴对象是谁，它都体现了建筑创造如何通过循序渐进的积累在自身基础之上成长，而非通过任何与前人决裂的方式。将过去、现在与将来融入对未来城市的构思之中，将会明显丰富我们对事物之间关联的思考，关于虚构和现实，关于曾经存在、当下已有和未来即将出现的一切。

未来之思

我们越发清醒于人类活动对地球的破坏作用，在一部分人的呼吁下，人们意识到自己已经步入了这颗行星生命中的新纪元：人类世（Anthropocene）。[11] 当人类面临这样一个事实，即地球大气层中人为产生的二氧化碳已经高于前二百五十万年的总量之时，我们要如何看待自史前时期以来的这段漫长历史？[12] 我们将如何估计人类的集体行为可能对遥远未来产生的影响？假设人类这个物种立刻灭绝，我们的遗留之物也将延续成千上万年之久——不仅仅是排放进大气层的大量二氧化碳，还有人类产生的致命废物，尤其是那些半衰期①长达数千年的放射性物质。城市与人类世之间的牵绊尤为突出，因为城市是如今地球上人类活动的主要驱动力：人类超过半数居住在城市里，而这个比例将于 2030 年达到 70%。[13] 在这一人类文明史上前所未有的城市化进程中，不管是建造还是拆毁城市都需要消耗大量自然资源，城市在建造的过程中吞噬能源，破坏和掠夺自然，同时产生海量的废物和垃圾。

为城市未来做打算之时，我们采取的思路过于工具主义（instrumentalism），或者说抱持这样一种想法，那就是人类可以根据经验事实和可靠的技术手段预测未来。许多关于未来城市的文章强调的是应对气候变化等危机

①半衰期（half-life）：这个概念起源于原子经过放射性衰变之后其数目减半所需的时间，但也广泛适用于其他各种领域，指某一种数量减为初始数值一半所需的时间。

②南方国家：南方国家和发展中国家、第三世界实际上是同一个概念，只是分类角度不同。发达国家主要分布在北半球或者南半球北部，所以被称为北方国家。其余的发展中国家大多位于南半球或者北半球南部，故有南方国家之称。

的实用手段，这些手段主要通过建造适应性更强、更为节约、高效的城市来减缓危机。这些尽可能降低城市对化石能源的依赖，减少废物产出以及与自然建立更和谐关系的行动值得赞赏，但如今南方国家②（Global South）加速发展的城市化进程并不意味着工具主义者的种种手段足以验证它们应对爆发式人口增长和持续不断的大规模城市化迁徙的能力。其实，若清醒认识人类世，便足以打破关于城市和广阔地球之间关系的传统观念。

历史学家迪佩什·查克拉巴蒂（Dipesh Chakrabarty）曾经做过有力论证，总结人类活动对星球未来的深刻影响，产生了四个主要结论。第一，自古以来将城市和自然分为两个独立领域的观念已经土崩瓦解；第二，人类行为，尤其是城建行为，等同于一种地质活动，我们目前尚未完全了解它对于未来的深远影响；第三，我们应当将人类看作地球物种的一员来思考其漫长的过去和将来；第四，即使损失最大的可能是城市贫民，但没有人能在人类影响下的明日世界中幸免于难。[14] 思考城市未来，意味着在互相关联的不同时间维度中，观察城市环境影响因素之间的相互作用，以及城市如何和非人类的物质世界发生互动——这一切都需要我们打破常规，从头开始重新构想，因为这是人类历史上前所未有的想象。

我们根据什么来重新设计未来呢？首先，我们需要激活想象，将它作为一种人类的创新能力予以正视。我们应当意识到想象是一把钥匙，它帮助人们"提前体验"别样未来，从而做好准备迎接即将到来的新事物。人类活动对星球的潜在影响具有巨大的不确定性，这迫使我们迅速勾画各类方案，以求实现预想中的明天。这个过程并非基于已知数据的可靠预测，而是由一系列故事构成的组合，故事中展现了未来生活的模样。这种不太客观的故事创作可能会遭到科学家、气候学家和政治家的抵触，但是在思考未来时我们显然需要通过讲故事去理解可能存在的一系列难以确切预测的情形。这些叙事式的想象方式涉及隐喻、伦理、审美以及猜想，它带我们走向一种未来愿景，虽并非预见，但却是"有机会实现的、我们偏爱的，或者人类所希冀的"未来。[15]

我们已经有了足以孕育新鲜想象的大量虚构作品——超过一个世纪留存的科幻小说、电影和漫画，未建成的建筑方案以及新鲜出炉的电子游戏和数码艺术。建筑设计，特别是创意设计，实际上和科幻作品有着一致的目标——在时代潮流萎靡不振或者虚荣浮躁之时为我们描绘未来的模样。[16]地理学家史提芬·格拉汉姆（Stephen Graham）关于垂直城市（vertical urbanism）的最新研究表明，科幻中的城市是"构建当代都市物质基础的关键"，因为"建成项目、现实城市、科幻小说、虚拟未来、建筑概念和城规理论以复杂而难以预料的方式交织相融，回响共鸣"。[17]"银翼杀手之旅"说明了虚实交融对于科幻作品的重要之处，它一度令读者和观众抽离自己身处的真实世界，来到这个既陌生又诱人，既熟悉又可信的虚拟世界中。[18]因此，当阅读科幻小说、观看电影或者看到一幅关于未来都市的画面时，我们并非在逃离现实，而是在连接幻想和我们亲身经历过的真实城市风景，从而重新定义二者之间的界限。格拉汉姆推测，"真实和虚构的城市……为应对当代城市转型中日渐艰难的挑战带来了重要机遇"，因为它们坚守住了自己的核心，即"珍视多样性，甚于在全球资本主义影响下均质统一的城市规划，同时，它们强调相互联合，而不是与本就日渐支离破碎的世界一刀两断"。[19]

即便已经有了幻想作品的源泉提供滋养，带着新鲜出炉的人类世意识畅想未来也并非易事。我们越发意识到建筑和城市的破坏本性，它们如何才能走上更为先进的演化之路？问题仅仅在于如何去阻止这种破坏倾向吗？我们是否需要更为彻底的改革？如果答案是肯定的，那么改革又能否成功呢？[20] 或许是时候清楚地认识到，建筑的世界并非如同看上去那般自洽自指。建筑物以及它们身处的城市所涵盖的内容远远大于其物质组成。建筑不只是简简单单的实体物件，而实际上是一整套牵绊与关系：生产者与使用者之间，空间与形式之间，物质与精神之间，乃至一切事物的运转流变之间——人群之中、人群以外、基建设施、信息、时间，凡此种种。当我们将这种牵绊视作建筑和城市的核心，就能打开思路，想象出未来的无限可能——未来的定义取决于我们如何联系万物，无关有形无形，只在此时此地。这样的未来虽然难以预料，却能给予我们力量，人性因此得到释放，进入超越自我的未知世界。在想象中的陌生新世界里，那些我们未曾认识的联系和规律将会瞬间明朗。

心智生态系统

　　探讨想象对创想未来的重要性时，本书从持有激进立场的重要当代思潮中汲取了营养。我们无疑生活在一个充斥着图像的世界，在这个世界里虚实不分，真假难辨。难怪许多人因此希望过滤他们认为虚假的信息来屏蔽观点冲撞的刺耳杂音。然而最近的事件告诉我们，这种抑制和掌控的欲望是极端保守的，这种欲望将导致绝对丑陋的政治体系。我们的另外一个选择不过是接受虚构与真实之间已经彻底模糊的边界。与其试图揭露隐藏在虚伪外表之下的真相，我们或许更应该尝试想象另一种现实，为潜在的可行方案重新营造合适的土壤。[21]

　　政治理论家弗里德里克·杰姆逊（Fredric Jameson）有一句评论广为流传：想象世界的末日很容易，想象资本主义的末日却极其困难。这句话直截了当地质疑了当下想象力的贫瘠无力，它无力激发真正可以超越纯粹避世幻想的新鲜未来愿景。[22] 在加速的城市生活和城市发展重压之下，我们迫切需要加强想象，创造必要条件，让新自由资本主义①（neoliberal capitalism）以外的政治观点崭露头角，产生效用。本书将经验和想象融为一体的观点恰好有可能促进这一过程，这样，对于未来的期许不至于沦为麻痹无力或者玩世不恭的犬儒主义，而是为

①新自由资本主义：兴起于20世纪70年代末的"管制型资本主义"（regulatory capitalis）衰落之时，以复兴古典自由主义经济理论为旗帜，并走向极端，大力宣扬贸易自由化、价格市场化和私有化。在新自由资本主义模式下，政府逐渐放松对企业和市场的管制，国企和公共部门陆续私有化，带来了经济的温和增长，也不可避免地导致了财富的分配不均，其中产生的一系列大型资产泡沫最终引发了席卷全球的金融危机。

我们带来充满希望的新开始。

　　不过，我们如何才能分享这些带有强烈主观色彩的虚拟世界呢？首先，不要忘记，人们对虚构故事和图像的感受从来就不是完全主观的。无论是观看电影还是阅读小说，我们都在和作者或导演互动沟通，而且大家还总是聚在一起观影或阅读——共处一间昏暗的放映厅，或者参加本地书友会活动。在相互沟通的前提下，读者和观众的态度将会对政治模式的设计产生决定性作用。虽然集体行为总是伴随着降低个体感受丰富性的风险，但如果我们拒绝封闭，坦率沟通，就可以减轻这种风险。基于这样开明的态度，想象可以带来许多创造性的新思路，呈现出未来都市的丰富面貌。[23]

　　有关未来都市的任何意象都是对将来的具体描绘，令人心潮澎湃，投入其中，宛如身处现实世界。另外，未来城市的模样必定基于我们所了解和经历过的城市环境，现实经验也可以启发人们思考自己在城市中生活和成长的新方式。这种物质与精神的融合十分重要，因为它顺应了在环保意识觉醒下应运而生的生态系统整体论。广义上的生态学不仅思考人与自然的关系，更关注个体、社会与环境的沟通合作。[24]这样看来，我们内心的生态系统和外界生态一样重要，它是抵御当代资本主义潮流或者其他主流世界观的核心力量，可以保护人类的想象力不受约束。想象在这种意义上已经成为一种政治觉悟，作为一种只有保持自由才能兴盛发展的能力，它天生就要反抗控制与压迫。应用到城市中时，最要紧的则是跳出常规思路，培养一种应对主流世界观的精神韧性。通常，当我们谈韧性城市时，我们谈论的是城市中的实体基础设施如何适应气候变化导致的海平面上升和洪水隐患等潜在的环境威胁。而韧性城市的含义实际上不止如此，和现实中的市政设施一样，城市居民相互连接的精神网络也需要发展得更为强韧来应对危机，无论是现在还是将来。

从本书的行文脉络中，我们可以看到想象如何全面地应对当下城市面临的种种危机。第一章"迁移的城市"关注的是城市如何适应气候变化的威胁。该章的第一部分探讨了有关沉没的幻想如何启发文学和图像，创造淹没于上升海水中的未来城市；第二部分将目光投向建筑界，建筑师集思广益，提出了人类于洪水中栖居的多种方案；在第三部分中，建筑和城市飞向天空，而空气状况已经因人为导致的大气变暖而不同以往。在第一章中，气候变化和城市的关系并不在于我们需要通过推行各种"解决方案"去为将来的艰难挑战做准备，文章更多是向我们展示了想象激发的丰富可能，为大多数气候学著作所采用的常见工具主义观点提供有益补充。本书的第二章"垂直的城市"聚焦日益加剧的全球城市社会阶级分化危机。如果说垂直城市以超级富豪占据的摩天大楼和城市贫民寄居的地下空间象征着社会的分化与对立，那么该章中的两部分则试图提出一些替代方案，改进未来垂直城市的阶层分布模式，利用纵向分布建立联系，而非加剧分化。最后，第三章"消亡的城市"关注可能由战争、恐怖主义、衰落和废弃导致的城市灭亡危机。其中第一部分思考废墟如何获得接纳并且融入城市，以及这种手段对城市未来发展的意义，而第二部分探讨我们如何从废弃的楼房、临时建筑或者废弃物、垃圾等残骸中重建城市。本书打破回收利用等传统观念，主张将废弃物融入建筑之中，创造丰富多彩的未来城市，给我们更深刻的启发去思考城市的本质。

城市是精神和物质的熔炉——我们的"真实"体验交织于错综复杂的隐喻象征中。这的确令城市乱作一团，各不相干的纷繁意象充斥在每个诞生于城市的居民的脑海中和经历中。本书并不奢望集齐所有城市假说，而是将它们编排成一部包容过去、现在与将来的百科辞典，以试图通过建立万千意象中的些许关联，揭示想象在我们构思未来时的关键作用，告诉我们必须全心全意地接纳和拥抱由想象所构成的、可容城市立足的无限根基。这并不会引发混乱无力或者麻木迟钝，而是鼓励所有人想方设法与万事万物建立联系，促进坦诚与开放，拥抱充满希望、生机、包容与乐观的未来之城。

注 释:

1. 关于北京的照片见 Dina Spector，"*Blade Runner* or Beijing"，*Business Insider*，23 January 2013。

2. 见 Stephen Graham，"Vertical Noir: Histories of the Future in Urban Science Fiction"，*CITY*，xx/3(2016)，p.394。

3. 见 Brian Merchant， "Dubai's First Sci-fi Film is a Reminder that Dubai Itself is Not Actually Science Fiction"，*Vice*，30 April 2013。

4. 见 Richard Kearney,*Poetics of Imagining: Modern to Post-modern* (Edinburgh，1998)。

5. 引用自 Arnold H.Modell，*Imagination and the Meaningful Brain* (Cambridge，MA，2003)，p.126。

6. 见 Gaston Bachelard，*On Poetic Imagination and Reverie*，trans. Colette Gaudin(Putnam，CT，2005)。

7. 见 David L.Pike，*Metropolis on the Styx: The Underworlds of Modern Urban Culture*，1800—2001(Ithaca，NY，2007)，p.36。

8. James Donald， "This，Here，Now: Imagining the Modern City"，in *Imagining Cities: Scripts, Signs, Memory*，ed. Sallie Westwood and John Williams(London，1997)，p.184。

9. 见 Blair Kamin， "Frank Lloyd Wright Influenced the Burj Khalifa? Here's What the Tower's Designers Say: That's a Tall Tale"，*Chicago Tribune*，14 January 2010。

10. 见 Witold Rybczynski, "Dubai Debt: What the Burj Khalifa—the Tallest Building in the World—Owes to Frank Lloyd Wright", *Slate*, 13 January 2010。

11. 人类世的概念最早由保罗·克鲁岑 (Paul Crutzen) 在他 2000 年发表于《全球变化通讯》(*Global Change Newsletter*) 2000 年 5 月第 41 期第 17 页的文章中提出。克里斯托夫·博内伊尔 (Christophe Bonneuil) 和让 - 巴蒂斯特·弗雷索兹 (Jean-Baptiste Fressoz) 从更长远的历史范畴探讨了人类世意识的成因，见 *The Shock* of the Anthropocene: The Earth, History and Us, trans. David Fernbach (London, 2017)。

12. 见 Bruno Latour, "Agency in the Time of the Anthropocene", *New Literary History*, XLV/I (2014), p.1。

13. World Health Organization, "Global Health Observatory (GHO): Urban Population Growth", 2014。

14. Dipesh Chakrabarty, "The Climate of History: Four Theses", *Critical Enquiry*, 35 (2009), pp.197—223。

15. Kathryn Yusoff and Jennifer Gabrys, "Climate Change and the Imagination", *Wiley Interdisciplinary Reviews: Climate Change*, (2011), pp.516—534。

16. Carl Abbott, *Imagining Urban Futures: Cities in Science Fiction and What We Might Learn from Them* (Middletown, CT, 2016)。

17. Graham, "Vertical Noir", p.388。

18. Darko Suvin, "On the Poetics of the Science Fiction Genre", *College English* (1972), pp.372—382。

19. Graham，"Vertical Noir"，p.395。

20. 例见 Etienne Turpin, ed., *Architecture in the Anthropocene: Encounters among Design, Deep Time, Science and Philosophy* (Ann Arbor, MI, 2013)。

21. 见 Andy Merrifield, *Magical Marxism: Subversive Politics and the Imagination* (London, 2011), p.18。

22. Fredric Jameson，"Future City"，*New Left Review*, 21 (2003), p.73。

23. Donald，"This, Here, Now"，p.185。

24. 见 Felix Guattari, *The Three Ecologies*, trans. Ian Pindar and Paul Sutton [1989] (London and New Brunswick, NJ, 2000)。

I 迁移
的城市

一、

沉没之城：
来自未来的问候

在金·斯坦利·罗宾森（Kim Stanley Robinson）2017 年的科幻小说《纽约 2140》（*New York 2140*）中，未来北极冰盖因全球变暖而融化，海平面随之上升，城市被洪水吞没之后变成了一个垂直的超级威尼斯。[1] 曼哈顿高楼的底层被海水侵占，人们依旧居住在高楼上层，乘坐船屋和小舟互相来往。纵横交错的天桥连接着高耸的大楼，高楼下曾经的街道如今是无数船只和贡多拉[1]小舟穿梭来往的运河。潮间带[2]（intertidal zone）满目疮痍，聚居着绝望与穷苦的人们，高楼上空盘旋集结的，则是飞往天空庄园的汽艇。罗宾森想象中的未来纽约没有屈服于毁灭性的气候变化打击，而是通过迅速改造建筑环境适应了这些变化。

①贡多拉：意大利威尼斯特有的交通工具，通常为长约 12 米、宽约 1.7 米的平底小舟，船身漆黑，装饰华丽，两头翘起呈月牙形，由一名船夫站在船尾划动。如今贡多拉多作旅游用途，穿梭于威尼斯大大小小的桥洞之间。

②潮间带：介于涨潮最高位和退潮最低位之间的区域，是海浪冲击陆地的缓冲地带。这里栖息着丰富的生物，也是我们亲近自然之处。同时它也是最容易受人类破坏的地方。潮间带的形式多样，红树林就是其中一种。

尽管气候变化已经在现实中通过日益频繁和严重的城市洪涝灾害影响着像纽约这样敏感脆弱的城市，但人们还是更加热衷于发表对未来的预见。甚至在政府间气候变化专门委员会③（Intergovernmental Panel on Climate Change）于 2014 年发布的一份报告的审慎预测中，我们的城市也会在将来一个世纪内面临重大挑战。可以肯定，至 2100 年全球气温将较工业革命前上涨超过 2 摄氏度；然而令人担忧的是，早在 2016 年初温度涨幅就已经迅速到达这一水平。乐观估计海平面可能升高 1 米，否则将有更大涨幅（在《纽约 2104》的基本设定中一百年之后海平面上涨将达 15 米）。与此同时，海水将变暖并酸化，大气涡流加剧，引发更多极端气候现象以及洪涝灾害。[2] 我们的城市对气候变化带来的影响尤为敏感，特别是那些位于海岸和感潮河川④（tidal river）附近的集合都市⑤（conurbation）——根据 2006 年公布的《斯特恩报告》⑥（Stern Review），世界主要城市中有 22 座在此列。[3]

------

③政府间气候变化专门委员会（IPCC）：一个在 1988 年由世界气象组织（WMO）和联合国环境署（UNEP）合作成立的跨政府组织，专门研究由人类活动所造成的气候变化影响，其主要工作是发表与《联合国气候变化框架公约》（UNFCCC）有关的专题报告。2015 年的联合国气候变化大会在 IPCC 第五次评估报告的基础上缔结了国际气候变化协定《巴黎协定》（Paris Agreement）。

④感潮河川：在海洋潮汐的影响下盐分、水位、流速等性质呈现明显周期性变化的河段。因同时受到河川径流和海洋潮汐两种动力作用，有时会形成较大的潮差，比如著名的钱塘潮。

⑤集合都市：这一概念由帕特里克·格迪斯（Patrick Geddes）于 1915 年在《进化中的城市》（Cities in Evolution）一书中提出，指在工业革命带来的急速城市化发展中，多个相邻的城市跨过行政区划的界限发展为一个都市区的状态。集合都市可分为两大类型：一类是由人口集中的大城市与附近的卫星城组成的都市圈（metropolitan region），如伦敦、东京；另一类是包含两个或多个主要都市的大都市带（megalopolis），如德国鲁尔区和中国的珠江三角洲城市群。

⑥《斯特恩报告》：由经济学家尼古拉斯·斯特恩（Nicholas Stern）撰写，于 2006 年公布。它探讨了全球气候变暖对世界经济的影响，是该领域体量最大和影响最广的报告。报告认为人类必须直面危机，尽快采取政策应对气候变化的挑战。

尽管基于经验事实，但这些气候报告说到底也不过是一种预测，历数人类能想象到的一切未来，甚至拿杂乱的案例和数据来滥竽充数。[4] 关于气候变化的讨论中充斥着这样的未来式言论，也许这就是为什么我们在如何应对充满不确定性的气候变化形势方面很难达成共识。[5] 难怪现在很多关于气候变化与城市命运的思考都重在采取缓和措施，而非积极适应，这也构成了 2015 年末在巴黎通过的重要国际气候变化协定《巴黎协定》[①]的核心。[6] 哪怕在关于气候变化和城市弹性的文章大量涌现，并将重点从消极缓和转移到积极适应措施时，人们依然固守着功利实用的基本思维方式——不是通过长期规划改善建筑结构，就是以可持续发展为目标改造城市管理结构和社会政治形态。[7] 尽管这些举措值得称道，人们却忽视了想象创意在维护未来城市与气候变化关系时的重要性。《纽约 2140》告诉我们，想象可以发挥强大的力量，塑造全新的城市生活形态,使人们可以面对也许是极端而无常的明日世界。

在这一章节中我将专注于科幻小说家、视觉艺术家以及建筑师们所创造的沉没都市意象，借此来想象海平面上升之后的世界中城市居民的生活形态，从而探索关于未来都市和气候变化的各类乌托邦（Utopia）或者反乌托邦（Dytopia）思维模式。这些虚构作品发生的主要场所理所当然是伦敦、华盛顿、墨尔本、曼谷和纽约这些国际性"地标"城市，尽管首当其冲受到上升的海平面以及更为严重和频繁的洪涝灾害

①《巴黎协定》：于 2015 年在联合国气候变化大会上公布，取代《京都议定书》（Kyoto Protocol），致力于联合世界各国，共同阻遏全球变暖的趋势。其主要内容有：把全球平均气温升幅控制在工业革命前水平以上 2 ℃甚至 1.5 ℃之内，提高适应气候变化的能力，在保证粮食生产的前提下降低温室气体排放量，并且根据以上目标调整资金流动的路径。

威胁的，可能是那些更加边缘化和穷困的城市。这说明了一个事实：这些关于气候变化的作品，无论是小说、电影、艺术还是离奇的建筑，大部分是在这些地标城市内创作而成，可能是因为在富裕的西方世界，人们感觉气候变化的威胁尚在掌控之中，它更像是一种未来的机遇，而非近在眼前的危机。随着威胁进一步升级，这些想象又将如何演变？让我们拭目以待。

　　我将这些主题和作品放在一起，让大量的故事之间彼此呼应，相互联系，或直白或隐晦地表现城市在气候变化影响下可能产生的不同变化。重点在于关注文学、艺术以及建筑作品中关于气候变化的多重想象时，要打开我们现在看待城市与气候变化关系的狭隘传统思路。打开思路并非仅仅只是再一次为科学工作者或者工具主义者辩解，或为实用主义粉饰，而是重新划定想象的边界，尤其要重视我们的精神世界——我们主观上的思考和感受。

关于气候变化的小说

人类对预言中末日洪水的共同恐惧由来已久，可以追溯到史前时期，无数关于毁灭性洪水的故事构成了世界各地的宗教和精神传统。[8] 这些古老的洪涝灾害故事可能来源于神话和传说，但它们广泛出现在不同地区和文明之中，说明洪水是人类已知的最为常见的灾难。[9] 历史上著名的沉没之城亚特兰蒂斯（Atlantis）的传说也许确实出自埋葬于同名海洋下的神秘古典建筑群，也有可能受到了古代发生过的真实事件的启发：古老的城市有的淹没于洪水之下，有的埋葬于维苏埃火山（Vesuvius）的灰烬与泥沙之中。

纵观历史，脆弱的城镇确实曾覆灭于海洋之中——考古学家和潜水爱好者的天堂亚历山大港（Alexandria）是上升的海平面吞没古代城市的证据，[10] 荷兰城市萨夫廷赫（Saeftinghe）和英国城市丹维奇（Dunwich）则是此后一些灾难的受害者，前者倾灭于1570年的诸圣堂洪灾（All Saint's Flood），此后再未得到修复，而后者在海水无情的侵蚀下逐渐消亡。[11] 时间拉近，有些城市为建造淡水供应工程而被迫牺牲：比如中国古城狮城（Lion City），如今埋葬于水电大坝河底，以及巴西城市伊加拉塔（Igaratá），1969年以来沉寂于水库湖底，如今却因巴西近代最严重的旱灾重新浮出水面。[12]

气候变化的危害主要是极地和格陵兰岛冰盖融化而导致的海平面上升问题，未来可能由此引起的洪涝灾害已经成为近年来气候变化幻想作品的一个重要母题，[13] 也许是因为它呼应了历史长河中或真实或虚构的溺亡之城，同时又将气候变化的影响设身处地地呈现出来。[14] 在这些小说中，有两类故事尤为盛行：一类是未来洪涝灾难后的后洪水时代（post-diluvian）城市面貌，另一类是对洪水逐渐改变城市环境过程的追踪记述。在第一个门类中，影响最为深远的例子是 J.G. 巴拉德（J. G. Ballard）早期发表于 1962 年的小说《沉没的世界》（*The Drowned World*）。尽管远在"全球变暖"这个术语于 1975 年诞生之前就已经写就，这部小说依旧被视为近年来气候变化小说的主要灵感来源，而且它对诸如卡特里娜飓风（Hurricane Katrina）摧毁美国新奥尔良市之类的真实气候灾难也有先见之明。[15] 巴拉德也有意将小说置于从理查德·杰弗里斯（Richard Jefferies）的幻想故事《伦敦湮灭》（*After London*，1885 年）到约翰·温德姆（John Wyndham）的《海妖醒了》（*The Kraken Wakes*，1953 年）延续至今的英国文学传统之中，即想象伦敦的沉没。[16] 温德姆的小说将重心放在生存与重建，卡特里娜飓风后的新奥尔良在重建中将防洪堤进行加固，而《沉没的世界》却另辟蹊径，虚构了一个转型后的城市世界，对这个世界中人类的生活方式进行了实际的改造和调整。[17]

　　巴拉德在小说中展现了一幅未来伦敦的迷幻景象，太阳辐射突然加剧，全球气候迅速变暖，城市沉没于极地冰盖融化形成的泛滥洪水之中。《沉没的世界》将伦敦想象成一个被奇花异草和奇珍异兽彻底淹没的城市：一片高达 90 多米犹如马托格罗索州①的密林占据着城市还未完全没入水中的钢铁

---

①马托格罗索州（葡萄牙语：Mato Grosso）：是巴西第三大州，植被茂密，一半国土由亚马孙雨林覆盖。

高楼，美洲巨蜥以办公楼会议室为家，巨型蝙蝠在废墟中筑巢，城市满目疮痍，潟湖纵横交错，充斥着腐烂的植物和动物的尸体。[18] 小说中孤立无援的主人公凯兰斯（Kerans）居住在曾经的丽兹酒店（Ritz Hotel），和一队科学家一起收集世界上这些沉没之城的数据，计划之后前往残存人类最后的聚居地——北极圈。随着气温和湿度日渐升高，凯兰斯感觉到自己的心智逐渐退化，最终他拥抱了蔓延在眼前的崭新丛林，"亚当二世"一路向南，走向死亡，小说至此戛然而止。他与隐喻自己潜意识的城市本身不断对抗，他见到的那座废弃的钟塔，那些失去手臂的人的脸庞，还有那座令他联想到埃及墓园（Egyptian necropolis）的灰白柱廊，都说明异变之后的城市如镜像般反映出凯兰斯内心的转变，这构成了巴拉德幻想世界的核心，令他的平淡字句饱含力量。[19]

尽管《沉没的世界》中展现出了遭遇气候变化后震撼人心的城市景象和私密内心，它仍然掩饰了这场洪灾中人类所应承担的责任——小说中令伦敦沉没的是太阳，而非人类的活动。不出所料，这也是许多讲述人为气候变化的小说固有的问题。在巴拉德作品的启发下，近年来的大量气候变化小说创造出了各色鲜艳华丽的城市场景。保罗·巴奇加卢比（Paolo Bacigalupi）的《沉没的城市》（*The Downed Cities*，2012 年）和《沉没的世界》相似的地方不仅在于它不言而喻的标题，而且其中描绘的华盛顿城也像巴拉德的未来伦敦一样直到故事最后才表明身份。效仿巴拉德的创世洪水后幸存的伦敦，故事中的美国首都被热带植物所占领，但不同于巴拉德的无人城市，华盛顿成了军人和拾荒者的必争之地。与之相对，中国的上海岛成了人类文明的堡垒，巴奇加卢比在此颠覆了当下关于美国开明民主制度的传统看法。

政治观点同样残酷但更加戏谑的是威尔·塞尔夫（Will Self）的《戴夫之书》

（*The Book of Dave*，2008 年），其中四百年后的伦敦已经被 100 米高的海水淹没，成为一片群岛。城市的社会和政治体系以与本书同名的"《戴夫之书》"为依据，在这本来自我们当代世界的书中，伦敦出租车司机戴夫的大叫大嚷充斥字里行间，而未来世界的居民在书中读到戴夫的偏执看法和伦敦方言（cockney dialect）后发展出了一整套社会和语言体系。小说的精彩之处也来自塞尔夫本人关于伦敦百科全书式的知识，这座未来的伦敦城因而与此时此地的当代伦敦紧密相连，其中城中已有的各种反乌托邦潮流在一个极端保守的未来中被推演到极致——日渐激烈的社会分化、日益猖狂的右翼民粹主义以及金融和文化的全球化。而在本章开头介绍过的金·斯坦利·罗宾森的《纽约 2140》则以截然不同的思路设想，在洪水过后的未来纽约，资本主义不仅渡过难关，甚至更加繁荣，冷酷贪婪的投机者将目标瞄准了城市的高楼岛屿和废弃的潮间带地区。尽管小说中这些沉没的都市与我们现在的社会体系相距甚远，却仍然紧密地运行在我们熟悉的轨道中：城市存在于《沉没的城市》中华盛顿纪念碑和白宫这样的地标建筑物里，存在于《戴夫之书》中未来伦敦无数似曾相识的路名和地名中，抑或在罗宾森小说中曼哈顿原封不动的建筑和街区内。

不同于这些大洪水后的未来城市，近年来一些气候变化小说借助沉没城市的意象讲述着另一种故事：持续性洪水侵蚀下的城市。在这些小说的设定中，未来的社会关系正随着逐渐上升的海平面缓慢转型，著名的例子有乔治·特纳（George Turner）发表于 1987 年气候变化意识初始萌芽时的《海与夏天》（*The Sea and Summer*）中的墨尔本、巴奇加卢比的《发条女孩》（*The Windup Girl*，2009 年）中的曼谷，以及玛姬·吉（Maggie Gee）的《大洪水》（*The Flood*，2004 年）和斯蒂芬·巴克斯特（Stephen Baxter）的《洪水》（*Flood*，2008 年）

中的伦敦。在所有这些以城市为基础的气候变化小说中，城市转型中的人物关系总是优先于戏剧化的城市场景描述。它们这么做是出于各种各样的原因。《海与夏天》着重描写了极端分裂的社会阶级之间的关系：海平面无情上升之时，墨尔本的一小群城市精英撤退至高地上的坚固围墙中，而占据人口比例百分之九十的穷人和无业游民蜷居于难逃洪水侵蚀的高层住宅楼中勉强度日。《发条女孩》则聚焦于曼谷城中人类和他们的人造表亲（也就是书名中的"发条女孩"）之间的关系，曼谷成了一座被无数防御围墙包围的岛城，在墙体的保护下暂时免受外部世界暴力动乱的侵袭。

吉和巴克斯特的伦敦小说关注的是近未来的都市居民如何应对愈演愈烈的危机状况：无休无止的降雨和日渐上升的海平面，还有正在逼近的大灾难。在吉的《大洪水》中，大灾难是一股在小说最后吞没整个城市的末日飓风，而更加恐怖的世界末日降临在巴克斯特的《洪水》中：海平面持续上升，直至吞没行星上的每一寸土地。不同于《沉没的世界》，这些小说中的城市风景更像衬托社会关系和人物发展的背景，因此相比巴拉德的劫后伦敦少了些许迷幻魅力。不过，当聚焦于社会关系时，我们就必须承认人物关系和真实的场所密切相关，气候灾害在侵袭这些地方时也侵害了那些读者已经自行代入的人物角色。通过这种代入感，《大洪水》中所描述的未来伦敦吸引我们回到大家当下熟知和亲历的城市中，而不是前往未来那场充满破坏与损伤的异变都市。

总的来说，这些关于沉没都市的气候变化小说提出了各种各样的解决方案来应对想象中可能出现的天启浩劫。即使大多为了戏剧效果夸大了未来洪水的影响范围，压缩了时间轴，其目的仍然是激发想象的力量，帮助人们在面临剧变时调整个人心态，在遭受灾难时改善社会关系，从而积极寻找出路，避免消极保守导致的悲剧结局。这些关于未来的创意设想之所以重要，是因为它们证明我们关于气候变化的思考和讨论必然既有现实又有虚构，既扎根于科学研究又有赖于想象创作。毕竟许多写实性的报道会加入一些夸张的末日图片增强说服力[20]，而气候变化小说也提出人们在创造未来时需要思考适应气候变化的手段，小说中的思路还逐渐成为气候科学学术讨论中的一条支线，探讨减缓气候变化影响的种种措施。

　　这些小说展示了城市居民在面对灾难时采取的大量适应手段，从《沉没的世界》中孤立无援的独自思索到《洪水》和《海与夏天》中的联合抗争，以至《纽约 2140》中的技术与经济创新。[21]小说中对城市的规划或遥远飘渺如巴拉德的小说，或触手可及如《洪水》中的伦敦，即使它们在时间上超前于时代，最终仍将读者带回我们所栖居的现实世界，这个世界已经踏上通往未来的旅程，途中我们将保持独立，寻求互助，与气候变化同行，参与变革之中，让幻想成为现实。

来自未来的明信片

在那些最为引人注目的伦敦废墟景象中，有一幅古斯塔夫·多雷（Gustave Doré）于 1872 年为威廉·布兰夏·杰罗德（William Blanchard Jerrold）的书《伦敦：一次朝圣》（*London: A Pilgrimage*）中最后一幅插画而创作的版画。在描绘这座当时世界上最大的城市、世界帝国的中心时，多雷通过画中"新西兰人"（New Zealander）的形象表达了十九世纪人们对伦敦的迷恋：一个英国人的新世界后裔在遥远的将来来到这里，凝视着废墟中的伦敦，如同维多利亚时代①的旅行者注视着古罗马的遗迹。[22] 这同时也是一幅关于"沉没"的震撼写照：城市缓缓沦为废墟，建筑沉入土地，泰晤士河水位上升，层层淹没昔日的人造堤岸。

十九世纪晚期对于帝国衰退和伦敦社会分化顽疾的焦虑隐约浮现于画面之中，在此之后人们长久迷恋于电影中表现城市毁灭的场景。从《大洪水》（*Deluge*，1933 年）到《后天》（*The Day after Tomorrow*，2004 年），表现洪水灾难的电影利用我们熟悉的纽约自由女神像等著名地标，为遥远陌生的末日审判剧情添加震撼的视觉效果，[23] 与多雷画作中黑衣修士桥（Blackfriars Bridge）下沉的立柱和远处圣保罗大教堂（St. Paul's Cathedral）破损的穹顶有着异曲同工

① 维多利亚时代：1837—1901 年英国维多利亚女皇（Alexandrina Victoria）的统治时期，是大英帝国的黄金时代，英国工业革命在其后期达到巅峰。维多利亚时代具有两面性：工业和科技发展的同时社会的不平等也在加剧，宗教复兴的同时信仰遭到攻击，个人自由得到重视的同时政府的权力也在扩大。

古斯塔夫·多雷，"新西兰人"，木版画，出自威廉·布兰夏·杰罗德《伦敦：一次朝圣》（1872年）一书。

之妙。描绘城市浩劫的电影场景与洪水将野性自然带回城市的意象遥相呼应，特别是在《我是传奇》（*I Am Legend*，2007 年）中的纽约与《天赐之女》（*The Girl with All the Gifts*，2016 年）中的伦敦城里。我们在前文讨论科幻小说时所划分的浩劫前后两种大洪水景象实际上对应着两种局面，即城市在专注面对洪水本身时和在洪灾过后的两种状态。和科幻小说一样，电影场景也倾向于强调城市居民应对洪水的努力和孤独幸存者的遭遇（如多雷画中的新西兰人），不过在电影传统中，人们总是心心念念着重建城市，而不是适应城市沉没的现状。

  在近年来有关海平面上升对低地国家影响的预测中，视觉画面主要呈现出两种视角，视线或从空中向下俯视，或潜于洪水之下。高空视角的例子包括英国环境署（UK Environment Agency）发布的洪水预测地图，由伦敦等城市的传统地图与预示未来洪灾风险的蓝色带状区域叠加而成，还有杰弗里·林恩（Jeffrey Linn）的海面上升系列地图，更有创意地表现出了在海平面升高 66 米至政府间气候变化专门委员会所预言的最高位时，伦敦、洛杉矶、温哥华和香港这样的世界都市几近消失的状态。[24] 鸟瞰自然也是空中俯视的一种方式，它向我们展示海平面上升如何改变天际线和海岸线，影响河川景观与重要城镇，相关案例有约翰·厄普顿（John Upton）2007 年为阿尔·戈尔[①]的批判性纪录片《难以忽视的真相》[②]（*An*

———————

① 阿尔·戈尔：小艾伯特·阿诺德·"阿尔"·戈尔（Albert Arnold "Al" Gore, Jr.）（1948 年 3 月 31 日—），美国政治家，曾在比尔·克林顿执政时期担任副总统。2000 年竞选总统失败后致力于推行环保，与政府间气候变化专门委员会共同获得 2007 年度诺贝尔和平奖。

②《难以忽视的真相》：一部聚焦于全球变暖现象的纪录片。电影由戴维斯·古根海姆执导、前美国副总统戈尔主演。此片获得第 79 届奥斯卡金像奖最佳纪录片。

Inconvenient Truth）制作的曼哈顿高楼的数码合成照片。毫无疑问，这样的图像可以产生强大的影响力。画面中因海面上升而淹没于洪水之中的城市模样一目了然，富有戏剧张力。这同样也令观者对地面上的灾难景象感到陌生和疏离。我们看到的图像实际上经过了刻意编排：空无一人的沉没都市仿佛经历了一场无处可逃、势不可当的浩劫，但事实上洪水若要蔓延到如此规模可能需要花费数百年时间。

相比于空中的俯瞰场景，来自水下的仰视场景则更为少见，或许是因为水下

杰弗里·林恩的作品《伦敦湾》（London Bay），2015 年。这是一张伦敦地图，展示了海平面上升 80 米之后的城市状态。

的生活更加令人难以想象。水下场景中有一些是表现沉没都市的数码图像，比如弗朗索瓦·朗西奥（François Ronsiaux）包裹在海军蓝色调中的纽约时代广场，还有尼古拉·拉姆（Nickolay Lamm）的渲染图中淹没于上升 7.6 米后的海平面之下的迈阿密。[25] 画面中的城市景色一派荒凉，除了观众以外生命迹象全无，就连洪水都被渲染得如水晶般清澈透明。与此相反，在英国数字媒体工作室"斯昆特 / 欧普拉"（Squint/Opera）创作的五张系列图像的其中一张里，未来伦敦的洪水养育着一套丰富多彩的海洋生态系统。从新鲜的浅滩海底向上仰望，可以看到伦敦沙滩上部分沉入水中的圣母堂（St Mary's Church），相对于其他十分悲观的未来水下城市景观，画作采取了一种不同寻常的思路和眼光。[26] 这幅水下仰视图作为 2008 年伦敦建筑节（London Architecture Festival）的参展作品，传达出乐观向上的气息——在画面中的未来伦敦，洪水实际上通过引入丰富的野生物种以及提供全新的发展空间改善了我们的城市环境。[27] 不过我们连这种生命新形态的成因都很难从画面中了解，只有图中添加的一艘人类驾驶的小船暗示着平静的人类生活。另外，它所描绘的在纯净水体中繁荣发展的海洋生态系统与大多数气候变化小说对未来城市洪灾的描写截然不同。在《大洪水》中，蔓延上升的洪水闻起来"有腐败物和厕所的气味"；在《海与夏天》中，水是肮脏的，"四处漂浮着无名残骸，散发着垃圾的臭味"，而且"烂泥四溅，附着紧贴在物体表面"；而在《洪水》中，水中充斥着尸体和废物，"浑浊灰黄"、"油腻湿滑"，"散落着剩菜、塑料废物和垃圾船炸裂的碎片"。[28] 这些小说还原了现实中我们在收拾城市洪灾残局时面临的种种遭遇以及污水溢出下水道的经典场面，也打破了期待未来洪水产生修复和再生作用的美好愿望。

亚历克西斯·洛克曼（Alexis Rockman）的画作《命运启示录》（*Manifest*

斯昆特/欧普拉数字媒体工作室，《伍尔诺斯圣马利亚堂——丰收》（*St Mary Woolnath – Rich Pickings*），数码图像，"沉没伦敦"（Flooded London）系列之一，2008 年。

亚历克西斯·洛克曼，《命运启示录》，2003—2004 年，木板油画。

Destiny，2003—2004 年）乍看之下仿佛和斯昆特 / 欧普拉工作室描绘的田园牧歌式的沉没伦敦一样，供养着一整套丰富多彩的水下生态系统。[29] 但它们已经不是我们日常熟知的物种：这些奇异生物混合了各种形态依稀可辨的动植物（水下生活着藻类、珊瑚、海豹、鳗鱼、鲤鱼、巨型水母、太阳鱼和狮子鱼，水面上栖居着海鸥、鸬鹚、白鹭和鹈鹕），怪异的基因改造新物种（其中包括冒着脓疱的鱼、艾滋病毒、西尼罗河病毒和冠状病毒等特大号致命病毒和其他细菌类生物）以及突变的甲壳类生物。[30] 画中大多数非人类生物看上去都形似外星生物，填满了这幅公元 5000 年纽约布鲁克林街区的错层式全景图，彼时全球变暖不仅淹没了纽

约城，而且将城市气候由温带转变为热带。尽管风景中罕无人迹，人类的遗产却仍随处可见。看看这些城市建筑的遗迹——布鲁克林桥（Brooklyn Bridge）横亘在右，远处残破的摩天大楼若隐若现，其中最为引人注目的或许是隧道、地窖、下水道和输气输水管道等城市地下设施，它们不只在遥远的将来零落凋敝，而且在后世生物的进化过程中扮演了重要角色。散落在画面中的还有当代急速发展的资本主义留下的产物，嘲讽着我们这个技术时代的傲慢自大——漂浮的油桶、沉没的油船、隐形轰炸机和潜水艇。最后，洛克曼还在画作中加入了一些在作品创作时（2004 年）计划修建的工程的未来遗迹，最显眼的是那些用来保护城市免遭海水上涨侵袭的堤坝和海堤工事，这些设施在遥远的将来早已被无情的洪水淹没。

洛克曼十分关注《命运启示录》的细节和精确度，所以在创作过程中咨询了许多古生物学家、生物学家、考古学家和建筑师，这幅作品不只要对普遍不愿改变工业资本主义破坏性进程的当代人类发出强烈警告，也以令人信服的画面说明人造世界如何在人类灭亡之后的漫长时光里持续影响生态环境的进化。混合了热带、超现实的动植物以及浓烈的阳光，再加上人类的缺席，洛克曼的想象呼应了巴拉德在《沉没的世界》中描绘的迷幻伦敦，但不同于小说的是，它指引我们反思此时此地的自己，激发我们以更加严肃的态度创造性地思考人类的集体行为对即将到来的未来世界可能产生的长期影响。这么说来，《命运启示录》和千禧年时涌现的人类世思潮如出一辙，人类世定义了地质年代中的一个新时代，在这个时代中，以加速城市化为显著特征的人类活动成为与自然力量比肩的一种"地质"影响力。即使作品将观者带到了超乎想象的三千年之后，仍然清晰地表现出我们所处的时代和遥远未来之间的紧密联系。画作打破了人类学家在自然和人类历史之间划分的固有界限，城市与自然的未来走向在《命运启示录》中紧密交织，密切相关。它向我们强调透彻地思考这些联系规律的迫切需要，人类已经因此走上了通往画面中明日景象的道路。不过，正如它的讽刺性标题所言，这样的明天无人幸免，《命运启示录》吸引我们思考人类每一个微小行动与世界之间的关联，思考人类如何才能改变自己，一起合作创造更加可持续发展的未来。

　　《命运启示录》也质疑了如今通过建造更高效的防洪堤来阻止城市沉没的流行手段，这同时也是经历过卡特里娜飓风之后的新奥尔良和许多正受洪水威胁的英国城镇所采取的策略。画面中，纽约在未来建造的防洪堤坝淹没在海水之中，清晰地表现了这种消极防御方式的愚蠢之处，纽约城不愿做出更为深刻的改变，采取缓和性或者适应性措施应对全球变暖问题，而后者正随着弹性城市观念的成形在英国政府 2016 年发布的《国家洪水适应力评估》（*National Flood Resilience Review*）报告中始获认可。这样的警示在前文讨论过的气候变化小说中也很常见：在《海与夏天》中，二十一世纪中期环绕墨尔本的漫长海墙最终被海水吞噬，在《洪水》中将纽约迁往高地的行动最后也是白费力气，而在《发条女孩》中被看似坚不可摧的堤防和水泵环绕的曼谷最终毁于居民之间无法调和的暴力冲突。

无论使用文字还是影像，关于未来沉没都市的描写都试图创造一种截然不同的城市生活形态。尽管许多小说和图像所描绘的未来气候变化影响下的城市变革显得夸张而极端，它们仍然展现了一丝希望，令我们对人类的真诚和社会的改良抱有期待。这正反映了"天启浩劫"（apocalypse）一词的原始含义——希腊语中的"apokalupsis"代表着启示或者揭露。一般来说，描写浩劫后城市沉没的文字和画面并不是为了终结城市，而是为了不断揭露事实，持续推动改革。它们打开了一片模糊的疆域，在这里读者和观众有机会暂时"住进"变革后的明日都市，让内心与外界紧密相连，相互呼应。

这样的呼应回响会带来什么或许不得而知，但我们可以确定的是，以上这些幻想作品都坚持着同一个观点：当我们在关注时间长河中命运轨迹截然不同的人类与非人类世界的关系，也就是短暂的人类历史与久远的地质与生态年代之间的相互牵绊时，我们的内心便和外界难分彼此。[31]

水下之城

尽管以上文字和画面中描述的城市环境在海平面上升的影响下遭遇了剧烈变化，其中的诸多设定依然相当传统：《海与夏天》中熟悉的混凝土高层住宅群和摩天大楼，《洪水》与《大洪水》小说中保留原形直接沉入水下的世界，还有《洪水》中离开城市登上巨轮，最终未能幸存的人类。只有在《纽约 2140》中我们能看到城市为了适应上升的海面而对建筑进行改造，在住宅楼之间建设天桥，营建空中村落或发展新型水下交通网络。《纽约 2140》对水环境的创造性适应促使我们想象：当建筑一部分或者完全沉入水中时，建筑师能做些什么？

作家和设计师对于开发和定居水下世界的兴趣由来已久，从儒勒·凡尔纳（Jules Verne）的《海底两万里》（*Twenty Thousand Leagues under the Sea*，1870 年）到二十世纪后期出于科研与军事目的开发的水下栖息地实验区。后者就有美国海军于二十世纪六十年代设计的"海洋实验室"（SEALAB）潜艇，还有雅克·库斯托（Jacques Cousteau）的实验性"大陆架社区"（Conshelf communities）。在这些科技发展成果的启发下，六十年代的建筑师们开始计划在水下建设整座城市。这些设计中有通用汽车（General Motors）于 1964 年在纽约世界博览会（World's Fair）的展览"未来世界"（Futurama）中展出的一座水下酒店综合体，沃伦·查克（Warren Chalk）在同一年为建筑电讯学派（Archigram）设计的由相互连接的圆球组成的水下城市（Underwater City），以及雅克·胡热利（Jacques Rougerie）和伊迪斯·维尼尔（Édith Vignes）

于七十年代早期设计的水下村落、博物馆和深海研究机构。[32]

近几年人们对于水下生活的兴趣不只源于海平面上升的威胁，还有来自地面城市人口过剩问题的刺激。在大众媒体领域，《美国国家地理》（*National Geographic*）制作了影片《海下城市》（*City under the Sea*，2011 年），以伪纪录片的形式记述了因全球变暖而建造的一座虚拟未来水下城。这座居住着"潜水员"家庭的城市由坐落在海床上的穹顶形公共空间和与之相连的一排排生活舱体组成。另一方面，在建筑领域，建筑师设计了多种未来水下城市，大多采用了半潜式（semi-submersible）结构作为基本构成单元。比如菲尔·保利（Phil Pauley）于 2010 年发布的"亚生物圈二号"（Sub-Biosphere 2）项目创造了一座由八个连接着中心球形支撑结构的穹顶组成的居住区，[33]而同年阿兰娜·霍维（Alanna Howe）和亚历山大·赫斯佩（Alexander Hespe）的"海洋城市"计划（Ocean City Project）则虚构了一组支撑着水下住宅体的漂浮平台，在设计上模仿了水母的形态。[34]受限于科技乐观主义思想（technological optimism）关于生态危机议题的狭隘观点，同时又承载着自由主义政治对创造新型自治社区的渴望，这些方案一直以来都既将海洋环境看作充满敌意、亟待征服的敌人，又将其视为融合了个人自由和大胆科技创新的前沿阵地。即使这些城市规划方案都声称要创造真正可持续发展的栖息地，建设全面回收废弃物质、自给自足的社区，使用可再生能源，自行种植食物，却无法体现任何先进的社会模式，而是回到精英式自由主义理想自二十世纪早期以来就有的典型乌托邦套路中。这样的方案同样也无法将海洋当作一个动态的环境与之相处，而众所周知的是，海洋吸收着我们不断释放到大气层中的二氧化碳，其状态可谓瞬息万变。近来出现在澳大利亚大堡礁的大量珊瑚白化事件也证实，在地球温度上升的同时，海洋也

阿兰娜·霍维和亚历山大·赫斯佩的"海洋城市"计划，2010 年。

在逐步酸化①，这将彻底改变整个海洋生态系统。对人类移居纯净原始新环境的假设不过是痴心妄想。

在水下城市建筑设计中也出现了一些趋势，倡导根据海洋在全球变暖影响下产生的变化，采取更加丰富多样的应对措施。回到 1970 年，许多人还在担忧环境污染和人口过剩导致的严酷未来时，建筑师沃尔夫·希尔伯茨（Wolf Hilbertz）和艺术家牛顿·法里斯（Newton Fallis）就已经率先为他们的"安培奥托邦"计划（Autopia Ampere Project）绘制了一份方案草图，图中一座海洋城市实实在在地从安培海山所在的海域中生长出来，这是一片浅海海域，位于马德拉群岛（Madeira Islands）和葡萄牙最南端之间。[35] 城市诞生于一组固定在海山山顶的金属网支架之上。一旦安装就位，金属网将会接入由太阳能电池板供电的低压电源。随着时间的推移，矿物质在电化学反应的作用下结合成化合物从海水中析出，吸附在金属网支架上形成碳酸钙墙体——这是一道自然形成的屏障，从水中升起，在恶劣的海洋环境中为大量居民提供居所与庇护。

虽然安培奥托邦从未建成，希尔伯茨想象中的"生长"建筑最终通过和珊瑚专家托马斯·戈罗（Thomas Goreau）的合作在 1979 年发展成为"生态岩"（Biorock）[也叫海混凝土（Seacrete）或者海水泥（Seament）]，这是海水中溶解的元素在获得电子后结合形成的化合物沉淀。[36] 这

---

① 在地球温度上升的同时，海洋也在逐步酸化：据估计，工业革命以来，海水中溶解的二氧化碳形成的碳酸已导致海洋表层的平均酸碱度降低了 0.1，即海洋酸度增加了近 30%。海水的酸度越高，其碳酸钙浓度就越低，可供贝类和珊瑚等钙化生物使用的量就越少，其外壳还可能因此加速溶解。

保罗·克雷顿（Paul Cureton）（牛顿·法里斯的继任者）所作的"安培奥托邦"（Autopia Ampere Project）透视效果图，2013 年，纸上铅笔水墨。

种材料广泛应用在受损珊瑚礁的修复工作中，生态岩生长出来后可以吸引珊瑚和其他海洋生物，重建水下生态系统，提高它们适应海水温度变化的能力。[37] 现在珊瑚已经成为气候变化最早的受害者之一，生态岩有可能成为从旧世界的废墟中创造新型水下环境的一种重要途径。这样看来。希尔伯茨的水生建筑材料有别于已有的其他任何传统水下栖息地设计，因为它能够遵守海洋的基本法则，适应环境的变化，这是一种适合人类世的理想材料。它为适应洪水终将淹没大量城市的将来提供了一种合理的城市设计模式。如上文讨论的诸多未来小说所言，这样的水环境将不会是纯净无瑕的，而是充斥着大量人造产物，无论是溶解在水中的二氧化碳、无法降解的塑料，还是其他城市垃圾。显然只有在异变环境中生长出来的建筑材料才能应用于我们的水下都市中。

希尔伯茨的生态岩是一个重要的先例，在它之后建筑界出现了一种趋势，试图效法自然，制造仿生材料，从而挑战关于可持续建筑与弹性建筑的传统定义。[38] 其中通过这种方式已经产生了一些直面海平面上升危机的激进城市设计方案。合成生物学家[①]（synthetic biologist）瑞秋·阿姆斯特朗（Rachel Armstrong）在她的 2009 年 TED 演讲中提出使用原初生命体[②]（protocells，一种具有生命属性的化学物质）在威尼斯水下培植一片巨大的人造石灰石礁，保护城市免于沉入海底。[39] 由建筑师彼得·库克（Peter Cook）和加文·罗伯森（Gavin Robotham）领导的 CRAB 工作室于同一年以不同的方式通过他们的"浸水都市"计划（Soak City Project，2009 年）探讨了将来伦敦被洪水淹没后的前景：使用残存的建筑废料和其他打捞上来的材料手工建造一群位于伦敦西区的高塔。[40] 这些高塔本身脱胎于库克和罗伯森的早期绿化住宅项目，设想建筑融合植物一起进化生长，最终形成自然与人工融为一体的混合建筑。[41] 包裹在从洪水中因地制宜生长出来的厚实植被之下，浸水都市的高塔们提出了一种采用激进适应手段维续生存的半沉没式未来城市形态。浸水都市的绿化高楼呼应了《命运启示录》中布鲁克林桥的翠绿废墟以及巴拉德《沉没的世界》中藤蔓缠绕的公寓区和办公楼。不过，和这两者相反，在浸水都市的想象中，人类在全盘接纳淹没于水中的城市后繁荣发展，与转型后的城市

①合成生物学家：一门综合学科，以传统生物学获得的知识与材料为基础，借助工程学和计算机技术将生物系统拆分为标准化的元件，规范化元件之间的相互作用，以模块化设计手段将生物系统进行优化或重组。合成生物学所研究的问题相当宽泛，既包括传统的代谢发酵、生物燃料和医疗等，也包括基因工程、生物材料和人造生命等当前热点。

②原初生命体：可能是原核细胞的祖先，可以在类似早期地球的环境条件下自发形成脂质体和微球，在膜或膜样结构的包围下组合成一种有机分子集合体。它们表现出一些与生命相关的属性，能够生长、竞争和自我复制。

CRAB 工作室，"浸水都市"计划，2009 年，透视效果图。

在变化中共处。

　　在希尔伯茨的安培奥托邦和 CRAB 工作室的浸水都市中体现的建筑猜想在建筑材料的构造方式上与传统观念截然不同。在这些项目中，"建造"本质上是一种"培植"过程。这和人类学家蒂姆·英戈尔德（Tim Ingold）提倡的观点不谋而合，英戈尔德找到了一种新型设计理念，将建造的过程融入"世界时事之中，同时塑造我们身边触手可及的生活环境"。在英戈尔德的观念里，建筑师不会将自己的设计强加于我们的世界，孤立地看待二者，而是"为正在流动的力量和能量增添动力"。[42] 城市设计者在面对现在的气候变化和将来的沉没危机时，必须迎头直面挑战，立足于城市之上进行调整，避免使用减缓和抑制之类的典型主流手段。

气候变化研究者或许习惯根据经验数据预测海平面上升可能对城市造成的影响，可惜这些预测经常以单一的统计学因素为根据，忽略人们受到灾难警报刺激产生的情绪反应。无论以文字、图像还是建筑猜想为表现形式，气候变化幻想作品都填补了这一空缺，为不同的预测方式提供空间，相比于预测自然，幻想作品更为侧重于描绘明天，帮助我们理解居住在未来都市中将会是怎样一种感受。这些故事同样也以独特的方式将各种各样的未来与人类此时此地的经历衔接。气候变化小说关注沉没都市中的个人以及社会反馈，促使我们将自己的个人感受代入混乱的明日世界中；图像中描绘的未来城市洪水让我们看到，转型后的城市依然立足于熟悉的地标或者视角；而建筑猜想则向我们展示大家如今生活的城市空间要如何转型才能满足继续居住的需求。

　　这些想象不只是建议我们顺从于洪水上涨的威胁，抑或保全政治、经济和社会生活体系，它们实际上说明，在面对新的全球气候格局时，人们必须作出改变，而仅仅认识到改变的必要性是不够的，只有学会在这场巨变中幸存的方法之后，我们才能实现社会变革。所以后末日小说向我们展示了环境巨变如何改变个体心态与社会关系，而持续性洪水小说则更进一步，更加深入地描述了这种转变。描绘沉没未来都市的图像关注人们对城市形态审美的流变，促使我们改变看待和体验现实世界的方式。最后，前瞻性的建筑设计令我们思考，在建造与拆除之时，如果打开全新思路，设计崭新的居住方式，城市居民的生活方式将发生怎样的变化。若我们认同虚拟城市和现实世界一样有着兴盛衰亡，将物质与精神融为一体，那么虚构的文字、图像和设计必将互通有无，帮助人类全面地思考与想象将来城市沉没后的前景与出路。这就是我们应对危机的有力方式。

二、
漂浮之城：
水与城市乌托邦

　　斯蒂芬·巴克斯特 2008 年的末日小说《洪水》开场和其他气候变化小说别无二致。小说中的近未来（书中为 2016 年），全球变暖导致海平面上升 5 米，海面卷起惊涛骇浪，越过伦敦的泰晤士河防洪闸（The Thames Barrier），导致洪水灾害席卷了整座城市。然而这样的开场剧情不过是虚晃一枪，因为海水的持续上涨不是源于冰盖融化，而是因为大量地下水泄漏闯入了现存海洋水体中。短短 35 年之后，珠穆朗玛峰顶便没入水面之下，整个世界徒留一片汪洋。故事中的亿万富翁、商业大亨内森·拉莫克森（Nathan Lammockson）从始至终都在负责建造一整套水上浮动设施，希望借此和他的同伴一起战胜不断上涨的滔天洪水。然而这些装置陆续显露了它们的脆弱性：小说开头出现的豪华悬浮建筑群后来淹没于一场潮汐风暴中，而庞大的邮轮"方舟三号"（Ark Three）在海水开始吞噬安第斯山脉之时启程，却最终被其他更加绝望的幸存者袭击并摧毁。

小说的最后，拉莫克森和他的剩余随从乘小舟漂浮于水面，这些筏子由经生物工程手段改造后从新的水体中生长出来的海带制成，这全靠拉莫克森的先见之明——源于整部小说中他对科技自始至终的坚定信仰。巴克斯特的小说对洪水的描述可能稍显夸张，但就浮动装置适应海水上涨的多种方式提出了深刻见解。它也指出了应对海平面上升危机时科技派手段的狂妄之处以及先见之明的重要性，小说在描述未来时依然相信科技能够确保人类适应变化，并在变化中幸存下来。

　　历史上关于漂浮城市的想象比比皆是：比如那些在企业家、建筑师、小说家和艺术家的想象中诞生的水上人造城市乌托邦，其中包括传统的"人造岛屿"，即拥有领土和社会自治权的精英浮动社区，也有反文化①（countercultural）的社会实验，创想新型的社会聚居模式。相比于沉没之城，关于漂浮城市的想象已经对建筑实践产生了重要影响，现在人们正设计和建造大量浮动装置来发展新型的水生城市。

　　无论虚构或现实，漂浮城市中都可能产生形形色色的社会关系，从倒退的孤立主义②（isolationism）到激进的沟通模式。它们不仅在建筑形式上采用了先进的尖端技术，也借鉴了乌托邦政治思想的固有传统，即诞生于想象，完全脱离现实世界的城市模式，以此推行激进的社会变革。在设计漂浮城市时，我们可以从大量乌托邦设定中汲取灵感，它们渴望彻底改变现有的城市环境与社会关系。漂浮城市探讨着将来的各种可能性，它们或激进或务实，但都基于各自的理念，试图表现或挑战一切可行方案。

---

①反文化：通常指的是价值观与主流文化对立的边缘文化。

②孤立主义：一种外交政策，在军事上采取不干涉原则，在经济与文化上最大限度地限制与别国的贸易和文化交流。

岛屿乌托邦

长久以来，西方社会都将环绕着岛屿的海洋看作一种屏障，它围合了一片独特的纯洁天地，遵循特有的法律和社会规范，远离彼岸现实世界的种种消极影响。托马斯·莫尔（Thomas More）写于 1516 年的文字《乌托邦》（*Utopia*）效仿了柏拉图（Plato）所设定的界限分明、完整独立的岛屿世界，却是出于他对自己所在城市的严厉批评，这座城市就是都铎王朝（Tudor）时期的伦敦。[43] 莫尔笔下那些平和有序的城市对应着同时代的一些意大利城邦，其中最负盛名的或许就是威尼斯，这座岛屿城市在十五世纪到达权力的顶峰，却在《乌托邦》问世之时开始走向衰落。不过中世纪威尼斯的典范在一些岛屿城市中延续至今，比如同时拥有吸聚财富的宽松金融区和保守社会政治制度的新加坡。许多人工岛城的设计同样也效仿着乌托邦这样的虚构岛屿，岛上居住着有能力购买专属社会环境的富人，其中最有代表性的可能是迪拜庞大的棕榈岛度假胜地以及迄今为止尚未完成的世界岛工程——这些迪拜海边的人造群岛由一群根据世界地图形状建造的小型沙岛组成。[44]

尽管对于岛屿城市的想象与建造由来已久，漂浮于海面上自给自足的城市创意却迟迟未能落地，直到科技的发展令这个想法得以付诸实践。二十世纪早期石油工业不断发展，从海洋深处采掘石油的需求随之兴盛，截至二十世纪四十年代，人们在美国海岸线以外数千公里的地方兴建了不少海上石油钻井平台。[45] 连同英国海军在第二次世界大战期间规划和建造的海上要塞和大型浮桥，这些或固定或浮动的海上装置启发了大量战后建筑师，他们借鉴其中蕴含的工业和军事技

丹下健三，"东京湾计划"，1960年。

术来设计一整套漂浮城市体系。起初，这些设计方案受到现代派信仰的驱使，坚信科技和建筑构件量产的力量，试图创造一种全新的城市环境来摆脱陆地城市长久以来遭受的种种制约。因此，丹下健三（Kenzo Tange）和保罗·梅蒙（Paul Maymont）在1960年同时各自提出一项"东京湾计划"（Tokyo Bay Project），[46] 计划对彼时遭到炸弹摧毁后一片废墟的东京进行大规模扩张，带领人们移居城市浅海海域中纵横交错的浮动平台，方案外形和斯大林于二十世纪五十年代在巴库（Baku）海边（今阿塞拜疆境内）建造的石油钻井平台别无二致。[47] 随后，美国建筑师和发明家巴克敏斯特·富勒（Buckminster Fuller）设计了几个漂浮城市方案，其中包括同在东京湾，由美国住房和城市发展部（U.S. Department of Housing and Urban Development）资助的"特里顿城"（Triton City，1968 年）以及与美籍日裔建筑师召吉·沙岛（Shoji Sadao，音译）合作设计的巨型"四面体城市"（Tetrahedron City，约 1968 年）。四面体城市是一座高达 2 500 米，由粗壮蜂巢形混凝土墙体支撑的巨型结构，建筑师计划用这种防震结构为东京或旧金山这样的脆弱城市提供庇护。[48]

　　早期诞生的这些巨型漂浮城市聚落主要是陆地城市形态的一种延伸。它们完全务实地应用现代主义建筑思想和工业化模块结构，积极废除了等级建筑，以及建筑形态上暗示的社会形态，与传统城市截然不同。到二十世纪七十年代早期，六十年代的技术乐观主义潮流逐渐式微，人们逐渐开始为工业化进程所付出的环境代价以及依赖于石油的脆弱全球经济体系而担忧，此时的漂浮城市设计以顺应自然的有机形态为核心，调和了六十年代前辈们所秉持的硬核技术现代主义。值得注意的是，这些方案中的水生城市日渐独立于它们的陆上同胞而存在，这正体现了以岛屿异世界为核心的早期乌托邦传统。

　　海洋探险家雅克·库斯托在二十世纪七十年代的科学探索，以及当时对人口过剩和环境污染导致的土地枯竭问题的种种担忧，启发了雅克·胡热利和伊迪斯·维尼尔的浮动和水下装置设计。[49] 他们的方案中有"海之都一号"（Thallasopolis I，1971 年）：这座城市的四万五千名居民居住在一群由印度尼西亚原住民使用本地材料建造而成的悬浮村落中；[50] 最近还有一座自给自足，形似巨型魔鬼鱼的浮动研究中心，目的是研究气候变化和污染对海洋环境变迁的影响。[51] 二十世纪七十年代同时还诞生了为新型海洋城市设计的早期结构原型，包括胡热利和维尼尔的"伽拉忒亚"① （Galathée，1977 年）和"海洋泡泡"（Aquabulle，1978 年）装置，以及菊竹清训（Kiyonori Kikutake）的"水之都"（Aquapolis）装置：这是一个以石油钻井平台为原型的悬浮展亭，为 1975 年日本冲绳世博会而设计。[52] 水之都吸引了成千上万的参观者，不仅证明了水上装置的技术可行性，也象征性地展现了人与海洋和谐共处的情景。菊竹清训的亭子是当时最为成功的浮动居住实验，尽管如此，这类创意还是在此之后逐渐淡出了人们的视野。这些装置设计从未赢得市场的青睐，和它们的陆上同胞相比，海上城市的造价尤为高昂，这也令潜在的投资者们望而却步。[53]

　　二十世纪六十年代和七十年代对海上城市的热情大多受到信仰的驱使，人们确信它们可以解决目前城市中存在的人口过剩、空间拥挤等问题，促成社会变革，即使建筑师本人很少明确表达这样的意愿。最近漂浮城市重新唤起人们的兴趣，主要是因为已有的岛屿城市模式可以作为逃离外界的避风港，远离大众，成为少数人的乌托邦。由软件工程师及政治学家帕特里·弗里德曼（Patri Friedman）和亿万富翁、企业家、在线支付系统贝宝（PayPal）的联合创始人彼得·蒂尔（Peter Thiel）于 2008 年成立的"海洋家园研究所"

①伽拉忒亞：希腊神话中的海中神女之一，常在西西里的海滨出现。其父为海神涅柔斯，母亲为海仙女多里斯。

雅克·胡热利，"海洋环游者"项目
（SeaOrbiter project），悬浮海洋
研究实验室设计，2013年。

（Seasteading Institute）组织是这类目的的绝佳证明。[54] 研究所的目的是建立一座拥有政治和经济自主权的漂浮城市，在这里，源于加州硅谷的企业文化可以茁壮成长，不受任何政治、社会和经济制度的制约。

借鉴艾茵·兰德（Ayn Rand）和罗伯特·海因莱因（Robert Heinlein）的客观主义①（Objectivist）哲学，海洋家园研究所的行动大大超越了目前自由主义者殖民海洋的种种尝试。[55] 这些自由主义殖民地包括二十世纪六十年代和七十年代成立的多个海上微型国家，比如西兰公国（Sealand，1967 年）。这座英国艾塞克斯海岸（Essex Coast）边的废弃海上要塞，在英国海盗电台经营者罗伊·贝茨（Roy Bates）和他的家人的宣示下成为所谓的主权国家。[56] 后来还有一些漂浮装置作为避税天堂而兴建，比如 2003 年至今的"自由号海上城市"（Freedom Ship）项目：这是一艘巨型邮轮，四万名超级富豪全天候居住其中，随着巨轮航行慢慢环游地球；[57] 还有 1996 年至今的"新乌托邦公国"（Principality of New Utopia）项目，即将建造在加勒比海开曼海沟中距离陆地 160 千米的一座海山上，打算合法宣示为主权国家。"新乌托邦公国"由美国公民拉萨鲁斯·朗（Lazarus Long）建立，他在加勒比海中发现了一片无主之地，于是向联合国提交了领土认领申请，该项目现在由朗的女儿伊丽莎白·亨德森（Elizabeth Henderson）运营，已经向全球投资者公开募集了超过五亿美元的资金。这座漂浮城市原计划于 2021 年完工，然而建造迟迟未能开始，尚未成型的设计方案似乎大量借鉴了拉斯维加斯的休闲购物建筑风格，以异国风情为主要卖点。[58]

相比于新乌托邦公国的随性而为，海洋家园研究所的建造计划则更加具有职业精神，而且获得了像蒂尔这样的支持者的更大规模投资。它也比自由号邮轮更富野心，计划建造一整座海上城市。2015 年，研究所发起了一场设计未来漂浮城市的建筑竞赛。根据官网记载，研究所邀请参赛者提交方案，设计一个至少由十座联动浮动平台组成的小型水上城市，这些平台将成为集商业办公为一体的综合建筑及其配套购物休闲场所的载体，另外还提供住宅和绿地空间。任务书要求采用类似丹下健三和梅蒙在早期东京湾计划中使用的模块化设计手段赋予城市充分的灵活性（建筑模块可以根据要求重新组织），使用太阳能、风能和潮汐能等可持续发展和可自给自足的能源类型。[59]

　　来自罗克3D（Roark 3D）事务所的获奖方案"天工之城"（Artisanopolis）设计了一组由五边形平台相互连接构成的分支状结构，平台承载着各式各样的几何多边形住宅、办公楼和购物区，其间种植热带植物加以点缀。建筑师制作的三维效果图前景中的六边形模块化住宅来源于日本建筑师黑川纪章（Kisho Kurokawa）位于东京的代表作品胶囊塔（Capsule Tower，1972 年）。不过，置换到时髦的海洋场景中后，胶囊塔在寸土寸金的城市提供低成本量产住宅的初衷已然被特权和奢华感取代，某些效果图中出现的大型邮轮也证实了这一点。实际上，即使加入了类似"生态穹顶"这样的"绿色"结构来种植食物，强调效率和可持续发展，天工之城的建筑形式依然无法脱离当代建筑文化的土壤，仍然拘泥于新自由主义城市转型[②]（neoliberal transformation）的既有模式，换句话说，就是以吸引富人、驱逐穷人为转型目的。

①客观主义：俄裔美国哲学家和作家艾茵·兰德提出的哲学系统，认为人生的道德意义在于追求个人幸福或理性私利，与此相匹配的社会体系应当全面尊重个人权利，并体现为纯粹的自由放任资本主义。

②新自由主义城市转型：自20 世纪 80 年代以来，新自由主义的兴起带来的资本流动导致全球城市之间相互竞争，地方政府需要通过重塑繁荣的城市景象来增强在全球市场上吸引投资的能力，城市更新因此加入全球化进程，形成了新自由主义的城市治理模式。2008 年全球经济危机之时，资本的流动受到制约，新自由主义城市更新活动带来的潜在风险愈发凸显。

天工之城直接将自己包装为"以独特模式建立免受现有国家法律管辖的新社区，以此促进市场经济的自由与竞争"。[60] 这些社区将由谁来建立尚不清楚，不过鉴于建造漂浮城市产生的巨额开销，新社区的居民最有可能是那些渴望通过获得政治自由来保护自己财产的巨富们。相比于它的自由主义论调，海洋家园研究所的目的无疑是自私的，虽然天工之城声称自己是创意工作者的聚集地，却避而不谈城中其他工种付出的劳动，特别是那些为自由精英们维护城市运营的工作者所做出的贡献。于是漂浮城市所提供的自由只能通过购买获得，简而言之，自由在这里不过是一种商品。[61] 现在看来，这种自由的惊人代价已令大多数投资者望而却步，即使是蒂尔本人也在 2015 年承认漂浮城市的造价过于高昂。研究所似乎退而求其次，通过寻找"在东道国领海内的低成本解决方案"来实现自己成为独立主权国家的梦想。[62]

罗克 3D 事务所的加布里·舍尔（Gabriel Scheare）、卢克·克劳利（Luke Crowley）、卢尔德·克劳利（Lourdes Crowley）、帕特里克·怀特（Patrick White），"天工之城"，海洋家园研究所 2015 年浮动城市设计竞赛的获奖方案。

船上浮城

　　虽然海洋家园研究所和它的前辈们梦想中的漂浮城市尚未成真，但其实早在造船技艺诞生之初，人类社区便已经占领了海洋。当船只聚集之时，比如在 1588 年 130 艘战船组成的强大西班牙舰队从弗兰德（Flanders）地区出发，试图征服英格兰而惨遭失败之时，它们就已经以一种高效的方式组成了移动的城市：大批人员在船体中获得庇护，建立通信系统联络彼此，受法规和风俗的制约，追求以军事目的为主的共同利益，团结在一起成为一个集体。另外，历史悠久的海盗传统也解释了诸类反文化船上社会的成因。[63] 如今人们已将船上生活中的战争和反文化运动替换为在环游世界的超级邮轮上享受的休闲和娱乐：现存最大的邮轮"海洋和悦号"（Harmony of the Seas）于 2016 年从英国南安普敦（Southampton）启航，以十六层甲板的巨型结构为 6 780 位乘客和 2 100 名船员提供居所。[64]

　　与巨型尺度相反的另一个极端则是小小的船屋：它们于城市中随处航行，沿着宁静的水路行驶，在运河中尤为常见。仅阿姆斯特丹一城就有约 3 000 艘船屋蜿蜒于城市水路中，包括传统的运河窄船、改造为旅店的商船以及多层浮动住宅，其中有些较为现代的船屋不仅设计高超，而且往往设施豪华。[65] 尽管它们几乎已经占据了阿姆斯特丹每一条不知名河流的每一个角落，但在这个寸土寸金的城市里，船屋仍然是一种极具吸引力的选择，因为它们自给自足而且成本低廉。成群结队的船屋形成了多样的建筑形式：静态结构和动态元素无拘无束地混合在一起——静态的栈桥和缆桩，动态的船屋以及它的船索、太阳能板、风机、自行车、小船和简易花园等附属设施。

船屋普遍存在于城市中，它们同时也独立于城市，使用离网能源①（off-grid energy sources），辅以陆地都市中常见的并网设备（networked infrastructure）支持。不过船屋通常需要依靠地面城市维持生计——城市提供了安全可靠的缆桩以及屋主必需的服务。若要这样的船上住宅成群结队地出现在公海上，彻底与世隔绝，那便难上加难了。

这样独立的船城只存在于幻想的世界中。劳埃德·克洛普（Lloyd Kropp）的《漂流》（*The Drift*，1969 年）和柴纳·米耶维（China Miéville）的《地疤》（*The Scar*，2002 年）两部小说中创造的浮动城市和现代主义建筑师以及海洋家园的设计方案相距甚远。《漂流》发表于二十世纪六十年代末期，弥漫着伤感的气息与忧郁的情绪，反映了当时反文化热潮的衰落。故事的主角，失意的美国中年人彼得·萨瑟兰（Peter Sutherland）离开家人独自一人启航旅行，在风暴中失去意识后幸运获救，醒来后发现自己流落在"漂流之城"（The Drift）——这是一座千百年来在马尾藻海②（Sargasso Sea）中央聚集而成的船城。城中百余名居民也像彼得一样流落至此，城市由数百艘大小不同、新旧不一的废弃船只组成，成了一座混合多种海事建筑类型的独特综合体：

"一些船只倾斜得很厉害，还有一些已经倒向一侧，悬挂在茂密的马尾藻丛中。有几艘船被固定在一起，另外几艘

①离网能源、并网设备：目前典型的发电系统有两种，并网和离网系统。并网系统将各个发电装置连接成公共电网，没有独立储存装置，采用的是"自发自用、余电上网"或者"全额上网"的工作模式。离网系统不依赖电网，通过蓄电池储存能量，采用的是"边储边用"或者"先储后用"的工作模式。

②马尾藻海：位于北大西洋中部著名的百慕大三角海域附近，因海面漂浮大量马尾藻而得名。它由几条主要洋流围合而成，是世界上唯一一个没有海岸线的海域，也是世界上最清澈的海。此处常年风平浪静，水流在洋流作用下沿顺时针方向缓慢流动，因此船只在此难以行进，还有被海藻缠住的风险，于是马尾藻海被人们冠以"海上坟地"的称呼。

则由走道互相连接。有的船交叉穿过其他船只，还有的彼此平行堆叠，而它们几乎已经完全淹没于彼得闻所未闻、见所未见的奇异海洋开花动物和绿色植物之中。有些地方漂浮着大片朽木，船只在此腐烂破败，同样也被马尾藻维系着漂浮在水中。还有些地方，破损的船只碎片聚集在一起，组合成了一种怪异的形态，船只之间因此难分彼此，难辨始末。"[66]

值得一提的是，漂流之城的建造过程始终不受人类干扰。船只被马尾藻海洋流产生的离心力断断续续地牵引到这里，而船群的位置和形态则完全由聚集在此处海域的马尾藻控制。由此形成的"怪异形态"与前文中浮动城市经过设计的规整几何形态截然不同。

尽管诞生于随机，漂流之城仍然对城中居民的生活方式产生了深刻的影响。彼得刚开始认为船城的生活是一种囚禁，于是对其极为抗拒，在偶遇船上其他沦落之人后，他逐渐学会接受命运。漂流之城中各类群体逐渐分化，居住于各自的社区中，想象力超越理性的思考，创造出一整个船上社会。根据船上最早的居民之一泰伯（Tabor）的说法，这里的"生活（在人们看来）是一连串象征……一系列联想。越善于象征，便越能增强感知与理解的相互转化"。[67] 船上最年长的居民之一萝丝（Rose）则告诉彼得，宁静是滋养象征和联想思维的关键之物，而漂流之城恰好颠覆了船只的传统动态组织方式，令其聚集于宁静之处。在与船上最为清醒的居民之一，神秘而可怕的哈奇马克（Hatchmaker）交谈之后，彼得最终离开了漂流之城，回到了美国的日常生活之中。然而他的内心已经发生了转变，船上的经历"给予他动力去协调，去行动，去不问结果地感受过程，去开放地感受事物的颜色、肌理和形状，而非仅仅关注其功用"。[68] 简而言之，克洛普的小说融合了漂浮的建筑和反文化的社会模式，创造了一个强大的寓言，弥漫着二十世纪六十年代末期的低落和绝望气息，因为人类的想象力遭到扼杀，也因为当时狂热的反文化梦想似乎并未能给社会带来长久的影响。

柴纳·米耶维在他 2002 年的奇幻小说《地疤》中借用了克洛普对于船城的想象。[69] 米耶维创造了自己的漂流之城——漂浮的海盗之城舰队城（Armada）。他为这座漂浮城市设定了另一种政治制度，从中表达了对海洋家园研究所模式的猛烈抨击。[70] 不同于漂流之城的静谧氛围，米耶维的舰队城是一座人口密集、忙碌喧嚣的浮动大都市，拥有成千上万的居民和不计其数的船只，大多通过船索与桥梁相互维系，早已被"高耸的砖楼、尖塔、桅杆、烟囱以及古老的索具"所覆盖。[71] 城市的底层同样生机勃勃："金属网笼有的嵌入凹洞中，有的吊挂在锁链上，里面塞满了丰富的鳕鱼和金枪鱼。"这是克雷人（Cray）的收获，克雷人是人类与小龙虾（crayfish）混合产生的物种，住在附着在船壳上、形似珊瑚的水下居所中。[72] 在水面之下，"城市的钙质基础①维系着不断变化的生态和政治模式"，而在水面之上，建筑物"被水雾不断舔舐，经盐蚀塑造轮廓，沉浸在海浪的声音和海洋的鲜腐气息中"。[73]

故事的主人公——科学家贝莉丝·柯德万（Bellis Coldwine）在逃离米耶维所创造的另一座城市新科罗布森（New Crobuzon）的途中被俘，来到了这个由海盗建立起来的奇异世界，他们要么偷窃船只扩张城市版图，要么掠夺人类来增加城市人口。[74] 而且和漂流之城不同的是，舰队城可以移动——刚开始非常缓慢，依靠大量拖船牵引驶过无尽海洋，之后城市当局成功捕获一只巨大的深海生物"寻水兽"（avanc），在它的蒸汽驱动下，城市的行驶速度大大加快。舰队城的建筑被设计成了一个混乱无序的综合体。这种特质一方面体现在它的"无数船舶建筑形式"中："破损的长船（longship）、蝎子形的桨帆船（scorpion-galley）、

①钙质基础：许多海洋生物
利用碳酸钙制造壳或骨骼，
比如珊瑚、贝壳、钙板金藻等，
这一过程被称为钙化。很多
钙化类生物为各种动植物提
供栖息地和食物，形成复杂
的生态系统，比如珊瑚礁为
五分之一的海洋生物提供了
栖息环境，还保护人类栖居
的海岸线免受海浪的侵蚀。
钙化作用同时还能参与碳循
环，固定二氧化碳，形成海
底碳酸钙沉积的一部分。

②重商主义：最早由亚当·斯
密（Adam Smith）在《国富论》
（The Wealth of Nations）
一书中提出，是资本主义最
初的经济理论基础，在 15—
18 世纪初受到普遍推崇。它
出现在西欧封建制度向资本
主义制度过渡的资本原始积
累时期，认为贵金属（货币）
是衡量财富的唯一标准，国
际贸易是一种敌强我弱的"零
和游戏"。重商主义在都铎
王朝也颇受欢迎。

梯形帆小帆船（lugger）和前桅横帆双桅船（brigantine），从上百英尺长的硕大蒸汽轮船到长不过一人的小舟"都被"从里到外"使用"跨越百年历史与审美拼凑在一起的结构、风格和材料"彻底改造为"一座杂交的建筑"。[75] 另一方面，这样的混合性也延伸到了城市的社会模式中。虽然舰队城"由狠毒的重商主义②（mercantilism）统治，在世界的缝隙中偷生，从其他船只掠夺新的成员"，它的社会规则却极度主张民主与平等——曾经的奴隶如今可以重获自由，和其他市民一起平起平坐。[76] 和漂流之城一样，舰队城也分化出了相互独立的城区，每片区域都由一位强大的首领统治，遵循各自明文规定的社会习俗。尽管其中的一个城区加尔沃特（Garwater）主导着整个城市的命运，但它的权力依然时刻受到民间力量的挑战，这从小说之后发生的叛乱中可见一斑。

米耶维漂浮城市设想的优势在于生动而连贯地创造了一座城市的外在形态、精神内核与社会模式。也许它只存在于幻想之中，但米耶维通过近七百页的篇幅令这座城市变得有血有肉，展现了一幅比建筑师在海洋家园研究所设计竞赛中制作的任何三维立体效果图都更加令人信服的城市生活场景。或许更有意义的是，米耶维的舰队城还重塑了一种潜力丰富堪比其城市形态的社会模式，以此开阔了我们的思路，激发比海洋家园计划更为宽广和开放的想象。

不过，还是有一些建筑师的设计可以与米耶维的幻想一较高下，在这些设计方案中，建筑师创造出了与《地疤》中类似的建筑杂交体。在汉斯·霍莱因（Hans Hollein）的《转化》（*Transformation*）系列作品（1963—1968 年）中的一幅照片拼贴《郊外的航空母舰城》（*Aircraft Carrier City in Landscape*，1964 年）里，还有在詹姆斯·威格纳尔（James Wignall）的"伦敦港务局"（Port of London Authority）项目之《颠倒的世界》（*Inverted Infrastructure*，2010 年）中，巨大的航空母舰在非军事领域中重获新生：或为荒芜的农田点缀一丝荒诞的气息，或在伦敦淹没于上升的海水之中时为英国的标志性建筑提供安全的基座。[77] 安东尼·刘（Anthony Lau）在他 2008 年的学生设计《伦敦沉没 2030》（*Flooded London 2030*）中将霍莱因的想法向前推进一步，将钻油平台、邮轮和其他各类巨轮等丰富的海事建筑排列在泰晤士河河岸，将空中走廊、移动设施和水上交通工具连接在一起，创造出一座完整的浮动城市。[78] 刘

的浮动设施类似于舰队城中的船只，同样作为平台承载着随意搭建的建筑物，也就是这个方案中的再生集装箱住宅。他利用吊车装运集装箱，创造了一种有机的城市形态，没有经过事先规划，而是在时间的流逝中自行生长。在以上所有案例中，这些随处可见的漂浮设施有的身处不协调的背景中，有的获得了意外的用途，变得遥远而陌生。这种感觉使人联想到米耶维的海盗之城，因为二者身上弥漫的陌生感均来自浮动设施本身的杂交体质。反过来这也令我们开始质疑所谓"奇特建筑"的刻板定义。这些看似虚幻的景象揭示了一个事实，那就是浮动城市早已存在于现实之中。万事俱备，我们唯一要做的是启程迁居。

乍看之下，这些未来浮城比起海洋家园研究所建筑师制作的老套三维效果图更加天马行空，实际上却更加真实可信，因为它们体现了一种未来乌托邦模式：于现实中生长，而非与现实对抗。《漂流》和《地疤》中的建筑均来自寻常结构

安东尼·刘，《伦敦沉没 2030》，2008 年。

和材料的有机组合，漂流城的建筑明显摆脱了人类的干预，而舰队城则成型于激进的反文化统治之下。这种本土自制建筑和海洋家园研究所赞助的死板城市截然相反，后者光鲜的外表和整齐的几何形态徒有一圈肤浅的光环，将真实城市的混乱本质过滤殆尽。实际上，正是在随意拼凑的舰队城和漂流城中填满人类与非人类充满活力的生活之后，这些虚构的浮动城市得以传达远甚于海洋家园研究所的丰富信息，展示剧变之后我们在城市中生活的景象。

现在看来，"天工之城"之类的设计方案几乎无法体现漂浮城市中的真实生活感受——大受欢迎的鸟瞰式三维视角只能令观众意识到距离的遥远。或许在我们眼中，米耶维的舰队城显得过于虚幻，融合了人与非人、生命与机器，而作者正是以这种夸张的方式创造性地解读浮动城市的内涵，勾勒和描绘其中各种丰富的可能性。这显然与海洋家园的理念不符，海洋家园计划所宣扬的激进自由主义理想似乎已经退化为我们熟悉的新自由主义僵化变异建筑，试图以此向潜在投资者证明设计方案的可行性。这种方式只会扼杀设计的潜力，因为它剥夺了想象的自由，屈从于现实的支配。若要保持思想的开放性，就应该像克洛普和米耶维这样，以创造一系列象征或关联为目标，不汲汲于实地建造浮动城市的最终成果，而是发散思维寻找新的方向，促使我们以全新的眼光看待熟悉的场景与建筑，如此一来，我们也许能在关键时刻创造一座属于自己的漂浮之城。

住宅乌托邦

　　海洋家园计划的根基来自已经经受实践与测试考验的建筑技术发展成果，尤其是在荷兰，人们预先考虑到这个百分之二十六的国土都位于现有海平面之下的国家可能遭受的气候变化影响，在过去十年间建设了一批浮动房屋。2016 年 1 月的一个冰冷又白茫茫的早晨，我拜访了迄今为止世界上最大的浮动房屋建筑群：近一百座自 2013 年以来建造的浮动住宅，地处阿姆斯特丹城市东隅众多人造岛屿之一的海岸边。[79] 艾瑟尔堡项目（IJburg project）分为横跨艾湖（IJmeer lake）的两个片区：在西区，玛丽 · 罗默建筑和城规事务所（Marlies Rhomer Architects and Planners）设计的 55 座闪亮白色模块化两层或三层浮动住宅簇拥在特制的码头周围；东区则是更加色彩斑斓的定制房屋，现已建成 38 所，数量还在不断增加，房子都是方正的盒子形状，有个性化的建筑元素可供选择，比如彩色的建筑表皮、屋顶露台和私人泊船点。每一栋房屋都由沉入水中半层楼深的混凝土底座支撑，轻钢框架结构稳居其上，立面用饰面板和玻璃填充。这片水上社区与阿姆斯特丹旧城人口最密集区域密度相仿，真正实现了一座微型浮动城市。

　　这种浮动住宅聚落体现了一种比陆地建筑更灵活的城市化模式，不过艾瑟尔堡项目的有序规划以及高科技建造材料和手段都与米耶维舰队城的无政府主义自制建筑大相径庭。这里既不是海盗城中的反文化社区，也不属于阿姆斯特丹的船屋文化，这里更像是一个刻意讨好富贵阶层的特制开发项目，其中一些定制房屋价值百万欧元（2016 年中期数据）。尽管如此，即使建造材料和模块化设计手段和海洋家园研究所如出一辙，它的水生城市构想仍然与后者有所区别。

玛丽·罗默建筑和城规事务所，模块化浮动房屋，艾湖，阿姆斯特丹，艾瑟尔堡，2013 年。

　　比起满足自治的梦想或者对独立浮动社区的渴望，建设艾瑟尔堡住宅更需要的是使用建造组件密切连接湖水与陆地。在建造过程中，一些模块化房屋出现了严重的倾斜倾向，亟须使用新的工法来获得更多浮力。连接陆地与湖水的无数栈桥已经组成混合型街道，街上充斥着大量房屋配件，其中那些锁在墙边的自行车最为引人注目。另外，饮用水和电力供应等必需设备经悬吊在半空中的塑料管道从陆地引入水上住宅，这些管道直接进入房屋中，结构上与巨型吸尘器风管极为相似。不同于海洋家园研究所的理想化蓝图，这些房屋表现出和它们所处环境之间细致而又脆弱的联系。或许海洋可以成就帮助我们逃离生态、经济或政治危机的建筑理想，而这些水上浮动房屋实际上却凸显了它们和城市之间的内在关联——我们需要的是和这种脆弱的关系相处，而非与之对抗。这样看来，艾瑟尔堡计划提供了一种模式，将水生城市的设想移植到那些面临未来气候变化威胁的传统陆地城市中，它告诉我们城市如何与周遭环境保持社会与地理上的联系，同时还能适应将来的变化。

一些关注漂浮结构的当代艺术作品同样也意识到了这种脆弱性和关联性。在大量志愿者的帮助下，美国艺术家玛丽·马丁利（Mary Mattingly）和艾莉森·沃德（Alison Ward）于 2009 年在她们自己设计的纽约"水舱项目"（Waterpod project）的装置中居住了五个月。[80] 艺术家租用了一艘驳船，在上面安装了两个 6 米高的金属网格穹顶（geodesic dome）装置，创造了一个完全自给自足的多功能居住舱，她们乘坐水舱装置依次拜访纽约的五个城区，每天停靠岸边迎接前来体验这座艺术装置的访客。马丁利解释道，水舱装置希望通过"呈现五十到一百年后的纽约生活来鼓励创新"，届时纽约或许正面临气候变化导致的海平面上升威胁。[81] 水舱借鉴罗伯特·史密森（Robert Smithson）1970 年的作品《浮动岛屿》（*Floating Island*），以此来质疑面临海平面上升危机时人们所采取的传统调节手段——作品中一艘商用运输驳船装满移栽了树木的泥土，在拖船的牵引下环游纽约。水舱装置则完全由再生材料和捐助物资建造而成，利用水培系统种植食物，对水资源进行收集、净化和回收，使用太阳能板这样的离网能源以及其他可再生能源。这显然是在呼应艺术家设想中的冷酷未来：在海平面上升之时，人类社区不得不采取极端的应对措施。水舱项目的主题在马丁利的近期作品中一再重现，比如她在"农舍"计划（Flock House project，2012—2014 年）中设计了一个自给自足的可移动网格结构，方便在遭遇天灾时供人居住，而且还能搭载在临时搭建的小船上漂浮于水中。[82] 她于 2014 年启动的"湿地"计划（WetLand project）在规模上有了更大野心：这是一座漂浮的"可移动雕塑状住宅兼公共空间，探索城市中心的资源相互依赖性和气候变化影响"。[83] 通过与教育机构和社区组织合作，湿地计划清晰表达了比水舱装置更为透彻的公众参与意识与教育理念，向我们展示如何建造完全自给自足的结构和生活环境，从而创造"繁荣的本土环境经济"。[84]

玛丽·马丁利和艾莉森·沃德，水舱项目，南街海港（South Street Seaport），纽约，2009 年。

　　农舍和水舱项目均采用了网格穹顶作为主要结构，很明

显受到巴克敏斯特·富勒的作品，特别是其自主生存环境设计方案的启发。和富勒二十世纪六十年代的前卫穹顶设计，以及同时期运用于英国"伊甸园计划"（Eden Project）等项目中更加著名的网格结构一样，马丁利的浮动装置设计也被诟病为过于笼统，与现有城市环境脱节。[85] 网格结构创造了一个与世隔绝的世界，我们很难想象这样一个极端封闭的环境与人们现在居住的城市环境能有什么有效联系。[86] 针对这些批评，马丁利极力主张她的项目立足于当下的社会实践——无论是在水舱装置上自主长期生活的过程中学习如何与他人相处，还是在水舱装置和湿地计划中推行面向更多社区群体的教育项目，以及在设计和建造浮动装置时与环境保护主义者和可持续发展专家进行的合作。[87] 然而，她的作品在惯于传统城市生活的人眼里无疑显得十分极端。尽管在设计水舱装置等作品时，艺术家亲力亲为并采取了自下而上的推广方式，这些作品依然落入了二十世纪六十年代许多反文化社区的窠臼中：人们采取激进立场，将自己打造为前卫而孤独的先驱，教导他人如何特立独行，却没有通过互相合作来引发循序渐进的社会变革。可想而知，马丁利的许多合作者和水舱项目的志愿者都是被另类生活的概念吸引而来——她的艺术家同伴乐于接纳和拥抱这个项目的反文化根基。而水舱项目所缺乏的，恰恰是更为传统的艾瑟尔堡浮动社区与陆地之间经历妥协后形成的混乱关系。

这样看来，英国艺术家斯蒂芬·特纳（Stephen Turner）的作品似乎更加极致地退守至独立孤绝的浮动装置中。在他的"海堡"（Seafort，2005 年）以及"艾克斯伯里蛋屋"（Exbury Egg，2013—2014 年）项目中，艺术家花费了大量时间隐居在水上设施里。第一个项目位于英国泰晤士河河口一个第二次世界大战之后废弃的海堡之上[88]，第二个项目则是在木制蛋形漂浮舱中进行为期十二个月的居住实验，"蛋屋"由特纳的空间及城市设计事务所（Space Place & Urban

Design）和 PAD 建筑事务所设计建造，停靠在英国汉普郡（Hampshire）的博利厄（Beaulieu）河畔。[89] 在海堡生活期间，特纳和肯特郡（Kent）惠特斯特布尔（Whitstable）镇的一所学校保持交流，在他居住于蛋屋期间，工程研讨会、讲座和其他公众交流活动也持续进行，尽管两个作品都包含以上教育功能，但作品背后的驱动力实际上是特纳对极致的孤独体验以及激荡其中的种种潜在创意的探索。

特纳在两个项目中均以在线日记作为载体，于每次隐居期间持续不断地发表。在日记的描述中混合着对自然界的主观感受、隐居的体验以及这种体验对于生态意识的强化作用。[90] 艾克斯伯里蛋屋理想化的子宫型结构适合静心思考人类与周遭世界之间的关系，而海堡项目则更加混乱。在海堡项目中，特纳花费了三十六天独自居住在默恩塞尔海上堡垒群（Maunsell forts）中的一座海堡上，这群海上要塞以其设计师、工程师盖伊·默恩塞尔（Guy Maunsell）的名字命名，位于泰晤士河河口赫恩贝城（Herne Bay）附近的战栗金沙湾（Shivering Sands）。特纳逗留的时间长度与当年军队的标准执勤时间一样，彼时正值第二次世界大战期间，这些海上堡垒配备数百名英国军人，作为射击力量对德军轰炸机进行打击。[91] 特纳全程将自己的世界限制在海堡的内部，他探索着海堡中曾经的居住者们留下的痕迹。他的三十六日计划很简单：逐个记录海堡内每一个房间的细枝末节。特纳慢慢缩小范围，仔细寻觅，他的生活和现在这个全球化的世界追求速度和保持在线的本质背道而驰。在深思熟虑之后，他以自愿隔离的方式从极致的孤独中汲取营养，丰富对于过去与现在的思考，以此来与当今世界进行对抗。[92]

特纳在海堡独居时的观察结果呼应了我的感受，当时是 2016 年 5 月，我正在参观位于红沙湾（Redsands）的类似海上建筑群，距特纳曾经居住的海堡向西几千公里。在从梅德韦河口（Medway estuary）乘船前往的参观者眼中，海上堡垒群一开始像一组模糊的污点出现在地平线上，越变越大，直到其中一座突然跃现眼前。即使这些海堡走道坍塌，射击口破败，钢铁外壳染上深红的锈迹，沦落到如今荒芜破败的田地，它们的结构依旧十分引人注目。它们既陌生又熟悉，陌生的是不协调的场景和神似 H.G. 威尔斯（H.G.Wells）的小说《世界大战》（*The War of the Worlds*，1898 年）中冷血三足机器人的外形，熟悉的是拟人化的形象和简单又随意的搭建方式：四只预制混凝土支脚插入海底，撑起一个钢铁打造的方盒状巨型结构，这个盒子就是海堡全部的居住和防御设施。有那么一会儿，我乘坐的小船摇摇晃晃地穿梭于七座堡垒之间，船上十余名乘客正在拍摄照片。我们共同感受着这个震撼的时刻，惊叹于这些海上人居设施的大胆和奇特，它们在漫长的废弃时光后依然保有迷人的想象魅力。它们不仅唤醒了我们独立生活，摆脱世俗牵绊的梦想，也令人回想起数百人被迫蜗居其中，过着牢狱般生活的可怕梦魇。通过重温那段经历，特纳清醒地面对那些被人遗忘的记忆，在长期隐居于军人们曾居住的废墟中之后，他令过去与现在在此交汇。这种交汇和马丁利作品中的想象和表演截然不同，却有着同样的意义：它们丰富了我们的未来蓝图，试图与历史融合，而非忽视或背离历史。即使在深刻的孤独中，我们也应该联系过去与现在，从中学习如何创造明天。

相比于特纳再次住进默恩塞尔海堡的行为，现在人们对红沙湾的类似海上堡垒有着完全不一样的打算。七座海堡如今归属于慈善项目"红沙湾"计划，该项目对其中一座进行了局部修复，正努力筹集资金确保全部七座堡垒未来的安全，尽管如此，这些距最近海岸也有 9.7 千米之远的构筑物似乎很难作为公共设施使用。[93] 阿洛斯建筑事务所（Aros Architects）提出的最新方案仍然建议将废弃海

红沙湾默恩塞尔海堡群，泰晤士河口，2016 年。

堡改造为豪华度假胜地，其用途涵盖高级公寓、博物馆综合体、海洋按摩会所和一座游客停机坪。[94] 这个设计令人回想起海洋家园研究所方案中的社会精英式避世理想。特纳的海堡计划已然证明，独享一处住所的渴望并非人类天性，我们应该明白极致的安全只存在于想象之中，即使出海远行，现实世界依然与我们紧密相连，这种联系无关财富和权势。或许海洋家园研究所渴望的，是建设一座罗伊·贝茨的微型小国西兰公国的放大版本——一处与现实大世界切断联系后的纯洁圣地。不过，富翁们都已明白，正是因为缺少安全的庇护，如此脆弱，我们才最终走向更大的现实天地，从中获得分享的勇气和成长的空间。

未来都市联盟（Urban Future Organization）和CR-Design设计工作室，与极速科技公司（Expedite Technology Co.）以及由卡琳·赫德伦德（Karin Hedlund）、卢卡斯·诺德斯特罗姆（Lukas Nordström）和佩德拉姆·塞迪格扎德（Pedram Seddighzadeh）组成的查尔莫斯工学院（Chalmers University of Technology）专家团队联合设计，"云端居民"（Cloud Citizen）竞赛方案，深圳，2014年。

三、

天空之城：
建筑与飞翔之梦

2016 年 8 月，史上最长的已建成飞艇，长达 92 米的登空者十号（Airlander 10）氦气飞艇于英国贝德福德郡（Bedfordshire）的卡丁顿机场（Cardington Airfield）发射升空。[95] 这艘飞艇最初受美国政府委托作为侦察机设计，是新系列巨型飞艇的首发之作，激活了人们关于二十世纪二十年代及三十年代飞艇运输黄金年代的回忆。然而登空者十号在仅仅第二次试飞之时便失事坠毁，和飞艇一同毁灭的还有公司的整个开发计划。此次失事事件唤醒的是更为黑暗的记忆：1937 年兴登堡号客运飞艇（Hindenburg passenger airship）坠落并消失于一场大火之中，为飞艇的黄金时代画上了一个戛然而止的句号。[96]

登空者十号所承载的怀旧之感有着双重含义：我们既怀念人们长久以来征服太空的梦想，又回想起天空顽强反抗这种征服时给人类带来的恐怖灾难，而这恰好概括了人类与天空的关系。虽然我们中的确有数百万人乘坐大众化的空中交通工具飞上云霄，但天空对人类来说依然不是一个真正适合居住的地方。我们固然可以借助飞艇在空中停留，但出于安全考虑，飞艇同时也将天空严格隔离于机舱之外。天空到底能否真正成为我们生活的场所？抑或它将永远保持敌意，让人类和建筑天生沉重的躯壳在天空的领地无处藏身？

即使空中生活的梦想仿佛遥不可及，天空还是以各种方式占据了我们的心灵。为了满足最基本的需求，我们必定要与天空，或者说空气，纠缠在一起——呼吸这个动作便意味着我们无法独立于外界而存在，正好相反，外界的空气源源不断地进入我们的身体，反之亦然。[97]同时，空气也成为现代社会中的一个理性研究课题：起先科学家将空气密封在容器和房间中作为研究对象，之后气候学家和超级计算机对空气进行分析，以求理解气候变化带来的影响。[98]仅仅只是为了理解天空，我们也必须学会想象天空，在它的广阔无垠中寻找边界。即使要以想象的力量掌控天空，我们也仍应意识到人类能力的局限，从而敞开心扉直面天空。

或许只有在我们的梦中，天空才能成为最适宜人类居住的场所。根据现象学家加斯东·巴舍拉（Gaston Bachelard）的深入研究，对天空的渴望源于人类的原始天性：这是"关于漂浮状态的永恒回忆，此处万物轻若无物，此处我们本质轻盈"。[99]这种对轻盈的想象常常用来形容我们的精神、灵魂或者内在，有时表现为一再重复出现的飞翔之梦——人类的肉体凡胎仅靠意念便可离开地面，无须依赖其他生物和大多数飞行器所需的翅膀进行驱动。巴舍拉认为，在诗意和哲学的意象中，天空代表着轻快、自由和灵感，代表着昂扬向上的精神，即他所谓的"生命最为深刻的本能之一"。[100]这样看来，对天空的想象不再拘泥于空气这一物质，而更在于创造一种"跃跃欲飞的未来"。[101]

哲学家路思·伊瑞葛来（Luce Irigaray）进一步发展巴舍拉思想核心中对于天

空的诗意想象，认为二十世纪的西方哲学在马丁·海德格尔①（Martin Heidegger）的影响下忽视了空气的存在，因为西方哲学思想追求的是密度和与土地的牵绊。沿袭巴舍拉的思想，伊瑞葛来提议在哲学语境中复兴天空，将人类定居天空的梦想重新解读为"于容纳万物天性的自由天宇中获得一隅宁静"的愿望。[102]此处的"定居"不再是牢牢占据一方土地并竖立围墙抵挡一切外来之物，而是打开窗口面向广袤的世界——面向无垠的天空。

　　伊瑞葛来的批判不止针对海德格尔过度以陆地为本的现象学（phenomenology），也可以视为对建筑自古以来完全依赖于坚固、密实和厚重形式的间接批评。[103]尽管建筑的定义本就是固体界面和流动空间的组合，而且任何建筑物都包含空气，但它们却几乎完全无视后者的存在，更不用说与空气的材料属性进行互动。在建筑师看来，居住空间应当维持均匀统一的氛围，尽量避免外部躁动的空气带来无法预测的扰动、气旋、涡流和温度波动。然而维持建筑基本运行必不可少的，却是隐藏在房屋内外的循环系统：这是空气、燃气、电力和信息的暗流。[104]有时候建筑师会对这些循环系统加以利用，将通常隐匿于建筑中的管道暴露出来，形成一种外形特色，比如理查德·罗杰斯（Richard Rogers）的劳埃德大厦（Lloyds Building，1978—1986年）以及与伦佐·皮亚诺（Renzo Piano）合作设计的蓬皮杜艺术中心（Pompidou Centre，1971—1977年）。新兴的"绿色"建筑则逐渐使用高科技设备和材料进行全副武装，令建筑开始"呼吸"——既要吸入（温度控制和能量补给），也在呼出（垃圾排放和回收利用）。[105]这类设计方案总是强调控制空气，尽管人们声称建筑物是在呼吸空气，却仍然隔绝于空气，因为建筑师只把空气当作一种需要控制以及泵入管道设备中为建筑和人类服务的物质。[106]建筑师对空气的掌控在迪拜这样的沙漠城市达到极致，在这里，城市之所以能够进行大规模扩建，全靠无处不在又能耗巨大的空调机组来支配和调节空气。[107]

自十九世纪以来，在工业化和快速城市化进程中，城市空气质量日益恶化，一时间城市中仿佛弥漫着危险的毒气，而城中居民的抵制情绪也日渐增长，于是人们愈加关注这些围绕在建筑物特别是城市建筑群周围的空气。[108]1851年应用于伦敦水晶宫②（Crystal Palace）的早期气候控制技术体现了人们利用封闭室内空间作为避风港来躲避工业化城市危险空气的渴望，[109]而汽车的诞生产生了新的空气污染，引发了二十世纪后期针对纽约等高层城市设计策略的争论。[110]在主流现代主义建筑理论，特别是战后城市规划思想的基础上，为了应对工业毒气和人口过剩问题，城市建筑纷纷转型为可以触及高空纯粹空气和无限阳光的高层建筑，彼时建筑师勒·柯布西耶（Le Corbusier）和他的同伴们正描绘着从空中俯瞰的未来蓝图，为巴黎等城市设计整体改造方案。[111]其中一些高楼设计方案甚至提出了"空中街道"（streets in the sky）的创意，对空中生活进行了清晰的规划。像英国谢菲尔德（Sheffield）的公园山公寓（Park Hill，1958—1961年）和伦敦的巴比肯屋村（Barbican，1965—1976年）这样的大型建筑提供了层次丰富的空中步道，试图让居民摆脱拥挤肮脏的城市街道，进入更加纯粹的天空之中。[112]

随着工业化进程的重心移向南方国家，应对空气污染的建筑形态也在这些地区应运而生，而此时空气污染已经成为

①马丁·海德格尔、现象学：现象学一词源自希腊语phainómenon和lógos，意为对"显现的东西"的"研究"，由奥地利哲学家胡塞尔（Husserl）于20世纪初创立，提出透过现象对意识本质的研究，或描述先验的、绝对的认知法则。德国哲学家马丁·海德格尔是胡塞尔的学生，现象学的主导人之一。他提出的现象学与胡塞尔的区别很大，拒绝接受先验唯心论的立场和与现实世界相脱离的主体。

②水晶宫：原为1851年伦敦首届世博会的展馆，由铸铁和玻璃建成，是19世纪英国的建筑奇观之一，也是工业革命时代的重要象征。在吸引无数访客参观之后，这座美丽的宫殿在1936年消失于一场大火中。

危害许多新兴工业城市环境的一颗毒瘤。[113] 空中街道如今连接着中国香港的众多高楼大厦，人们得以借此逃离污染日益严重的地面街道。[114] 与此同时，一些亚洲高楼则更加直白地实践了空中居住的理念，其中最为极致的是新加坡的滨海湾金沙度假村（Marina Bay Sands），该项目建成于 2010 年，拥有 340 米长的空中花园以及横亘在三座摩天大楼屋顶、长达 150 米的无边泳池。CR-Design 为深圳设计的获奖方案"云端居民"甚至更加野心勃勃，这座超现代商业区最近通过了报建审批，整个城区仅由一组超高层建筑组成，高层之间依靠几座建筑体在半空中相互连接。[115] 在以上两个项目中，空中城市并非源于建筑和空气之间的相互呼应，而是为了延续一种现代主义梦想：既梦想逃离底层民众破旧肮脏的气息，又希望为城市精英征服头顶危险的高空。

天空之城

　　"空中楼阁"（to build a castle in the sky）比喻不切实际、遥不可及的梦想。这个说法的起源尚不清楚，但它反映了长久以来和"空"有关的"轻率"印象。"空"这个字常用来形容一个人智商低下，比如"头脑空空"（air-head），或者一个方案内容虚浮，比如"空泛"（hot air）。[116] 依此类推，"轻"等同于轻浮肤浅，而"重"则代表着厚重的内涵。

　　乔纳森·斯威夫特（Jonathan Swift）在《格列佛游记》（*Gulliver's Travels*，1726）中幻想的飞行岛拉普塔①（Laputa）却似乎颠覆了事物的常规。在斯威夫特的故事中，主人公格列佛在一次前往东印度的航行中遭遇海盗袭击，被驱逐出船后乘小舟搁浅在一座石头岛屿上。在反复思考在岛上的遭遇之后，他意识到"一个巨大的物体悬浮在我和太阳之间……它看上去有3 200多米高……底部平整光滑，反射着下方海水耀眼的光……周身环绕着层层叠叠的长廊和阶梯"，通往盘踞山顶俯视全岛的皇宫。[117] 格列佛乘坐滑轮系统登上飞岛，遇到了一个奇怪的种族，他们总是"陷入沉思"，专注于研究几何学和天文学。他们过于追求纯粹的几何学，鄙视"实用几何学"，以至于无法建造实用的房屋，房子中找不到一处直角。[118] 拉普塔的统治阶层无法容忍任何异见，他们从飞岛向下界的反对者们倾泻石块，或者干脆将下界夷为

①拉普塔：斯威夫特用他幻想中的拉普塔飞行岛屿讽刺了启蒙思想中的一种潮流，即在脱离现实的纯几何世界中寻求万物的本质。

平地。[119] 拉普塔人或许战胜了重力，但同时也失去了对真实的物质世界，特别是对他们自身身体的感知。

斯威夫特的拉普塔启发了后人再次创作关于飞翔岛国的故事，其中包括詹姆斯·布莱什（James Blish）《宇宙都市》（*Cities in Flight*，1955—1962 年）系列小说中的星际航行都市，还有动画电影《拉普塔：天空之城》（*Laputa: Castle in the Sky*，1986 年）和电脑游戏《生化奇兵：无限之城》（*BioShock Infinite*，2013 年）。尽管这些作品中的飞行城市形式各不相同，却和斯威夫特的拉普塔有着同样的隐喻。在《宇宙都市》四部曲的第一部中，未来星际飞船"曼哈顿"利用超级反重力装置"宇宙陀螺仪"（spindizzys）将自己从纽约城分裂出来，这似乎十分荒诞，却可以说是一个关于二十世纪五十年代以来美国城市快速郊区化进程的寓言故事。[120] 在布莱什的幻想世界中，纽约城的核心区域骤然消失，这一景象强有力地预示了二十世纪八十年代早期城市核心地带空置导致其他城区随之荒废的真实状况。

宫崎骏（Hayao Miyazaki）的动画电影《拉普塔：天空之城》中的飞行岛城则与之截然不同，乍看之下，这座城市仿佛古老天堂残存的遗迹：盘踞山顶的城堡之下是一座座宁静的花园和石头堡垒，围绕着巨大的树根和以水晶力量驱动的岛屿核心而建。其实这座飞行城市保守着一个黑暗的秘密：这是一座由超级计算机控制的强大武器，威力无穷，能够造成难以想象的破坏。而故事的主角——两个孩子的行动最终消除了这件武器的破坏性。宫崎骏的飞行城市寓意着人造科技与自然环境之间尚未解决的冲突，这是当今城市亟待解决的主要问题。[121]

同样令人难以置信的还有《生化奇兵：无限之城》中的哥伦比亚飞行城，一座自由自在的奇妙美国城市在云中若隐若现：这座城市以对建筑先例的狂热模仿

《生化奇兵：无限之城》中的哥伦比亚飞行城。

和细致考究的复古视觉效果为特色，呈现了一场名副其实的十九世纪末建筑盛宴，在近乎过曝的画面中，飞船、气球等复古飞行器往来穿梭，怀旧的文艺活动轮番上场。[122] 然而，这种表面田园牧歌式的城市模式实际上和斯威夫特的拉普塔一样残酷无情：在集宗教狂热分子、法西斯分子和种族歧视分子为一身的大反派康姆斯托克（Comstock）的控制下，游戏中的哥伦比亚城成了攻击和摧毁纽约城的工具。《生化奇兵》的创意总监肯·莱文（Ken Levine）曾经表示，哥伦比亚的故事是"人们臆想中的美国往事"，这也隐喻了当下美国和其他地区政治格局中日益嚣张的种族主义歧视思想。[123]

如果说斯威夫特的拉普塔所具有的象征意义令空中飞城成为人们喜闻乐见的幻想题材，那么其中可以摆脱重力的理想建筑则预示了现代主义建筑的重要使命，即追求一种全新的轻盈、透明之感，以及某种结构上的自由。在苏联政府早期的一些项目中，关于移动建筑的梦想孕育了潇洒自由的科技乐观主义，成了这一时期的标志性特色。乔治·克鲁蒂科夫（Georgy Krutikov）1928 年于莫斯科完成的毕业设计"未来之城"（City of the Future）用一组工程图纸描绘了一座以未知核能为动力的悬浮未来都市。克鲁蒂科夫以精美细致的图纸展现了新城市的全貌，其中包括三种不同类型的空中悬浮公寓，它们与陆地上的工业区相连，人们乘坐旅行胶囊往来其间，这些胶囊型交通工具能够自由穿梭于海陆空之间，甚至潜入水底。[124] 此外，通过描绘这些创新空中建筑和交通工具的细节大样，克鲁蒂科夫为他的大胆创想赋予了厚重的分量，仿佛这一切就像从热气球飞行器发展为飞船和飞机等动力驱动装置一样自然。他的未来都市同时还将空中生活和社会变革联系在一起：国家的界限就此消弭，无国界的社会主义乌托邦从此诞生。

在美国建筑师莱伯斯·伍兹（Lebbeus Woods）惊世骇俗的作品中，我们也能找到一些克鲁蒂科夫秉持的乐观的科技和社会理想的痕迹，这是一座位于巴黎上方 2 000 米高空的天空之城，诞生于建筑师二十世纪九十年代早期的一组图纸之中。伍兹本人坚称自己已经"摆脱了重力"，这座具有自白性质的"反建筑"①（Anarchitecture）挑战了下方坚固庄严如同博物馆一般的巴黎城。面对除了建筑之外万物皆在不断流动和变迁的巴黎社会，这样的城市形态自然显得不

① 反建筑：1974 年，戈登·马塔－克拉克（Gordon Matta-Clark）与朋友共同成立了"反建筑"小组，并策划了同名展览。Anarchitecture 由 an（ti）或 an（archy）和 architecture 组成，意为"反对"或"无政府"建筑，反对传统意义上的建筑、城市和一切古板坚硬的文化建构，提倡无预定原则的创作。马塔－克拉克对即将废弃的建筑进行切割，以此来挑战建筑师的权威，消解建筑的统一和完整。莱伯斯·伍兹在自己的画作中借用了这一概念并继续加以发展。

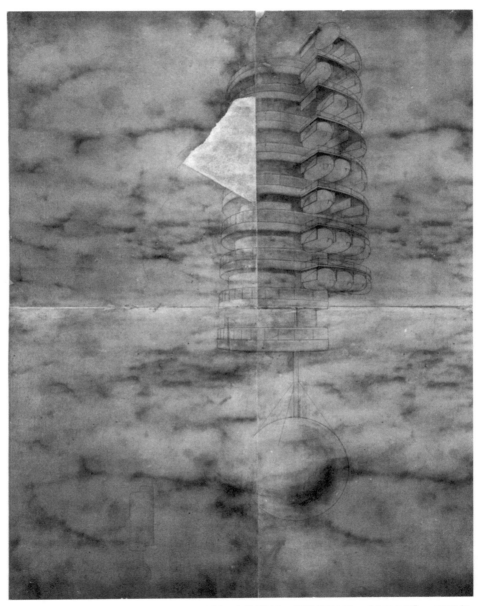

乔治·克鲁蒂科夫，悬浮公寓大楼，"未来之城"，1928 年。

莱伯斯·伍兹，巴
黎上空的天空之城，
二十世纪九十年代。

合时宜。[125] 伍兹预见到了席卷当今数码时代的全球化潮流，在他的飞行城市中创造了一种完全呼应周围环境，可以随机应变的建筑，同时还能满足居住者的个人喜好和需求，并且在设计中拒绝遵循任何等级制度的制约。伍兹的奇特设计确实十分真诚，我们却很难想象有人会愿意在这样的装置中居住，他们可能会彻底放弃建筑作为庇护所的传统功能——那曾是动荡世界中的一处宁静港湾。假设我们是拉普塔人，我们或许能够战胜专制的社会、政治或者物理（建筑）体系，却必将在这种全新的无上自由中遗失人性。[126]

以当代人的眼光看待这些天空之城，我们倾向于忽略早期方案中表现出的极权政治主张，更为看重其改善生态的作用。约翰·沃德尔建筑事务所（John Wardle Architects）提出的"多重城市"（Multiplicity）方案在 2010 年威尼斯建筑双年展（Venice Biennale）作为澳大利亚"此刻 + 何时"（Now+When）展览的一部分展出，方案想象了一个 2110 年的墨尔本，一座建筑浮岛盘旋在这座城市的传统格局之上。[127] 这座新型空中装置将会收集雨水、转化能量并且生产食物，为陆地上的城市提供支持，同时作为高科技环保结构的典范为下方的城市提供庇护。建筑师克莱夫·威尔金森（Clive Wilkinson）的"无限工场"计划（Endless Workplace，2015 年）则另辟蹊径，虚构了一座盘旋在伦敦上空的巨型共享办公空间。为了优化即将陷入瘫痪的拥挤伦敦和人们习以为常的传统格子间办公室，这位来自洛杉矶的建筑师提出向这座英国的首都引入加州的科技创新型办公空间设计，实现办公模式的无限可能，消除建筑师眼中"居家办公的冷漠疏离感"，赋予工作更多创意思想和合作精神。[128] 在以上两座当代天空之城中，激进的社会和政治模式双双缺席，这也令其明显有别于早期的现代主义乌托邦设想。实际上无限工场方案应该是在预言城市当下的反乌托邦潮流将在未来兴盛，

在探讨 24/7 的高强度工作模式带来的是否并非个体的自由而是无尽的劳作，以及城市阶级的高度分化如何加速城市街道的衰亡。而多重城市方案则为人口过剩和资源枯竭时代背景下的城市设想了一幅积极乐观的明日景象，不过建筑师的描述依旧太过笼统，至于这样的明天是否能够真正实现，人们对此仍然保持怀疑。我们似乎再一次落入了"空中楼阁"的窠臼之中。

约翰·沃德尔建筑事务所，"多重城市"，2010年。

——————————

①密涅瓦：罗马神话中的智慧女神、战神艺术家与手工艺人的保护神，对应希腊神话中的雅典娜女神。

气浮建筑

我们想当然地以为关于飞行城市仅仅只存在于幻想之中，其实这些设想很多都建立在十八世纪末以来坚实的科技发展成果之上。孟格菲兄弟（Montgolfier Brothers）1783 年 11 月在巴黎于万众瞩目之中放飞了世界上第一艘载人热气球飞船，从此开创了一个新颖创意与先锋实验层出不穷的气浮结构新时代。[129] 热气球旅行如今已是休闲娱乐的代名词，在当时却代表着新奇和刺激，带人们以崭新的方式体验这个世界。即使是今天，相比于坐飞机旅行，乘坐热气球的感受更为接近我们梦想中的飞翔体验。无须像其他飞行动物那样费力地扇动翅膀，气球带着我们轻巧地升上天空，一切宛如梦境之中。

关于飞行城市的设想随着第一艘热气球飞船的升空大量涌现，其中最为古怪的是比利时物理学家艾蒂安 – 加斯帕尔·罗伯特（Étienne-Gaspard Robert）的"密涅瓦"① （Minerva）气球（1820 年）——这是为环球科学旅行设计的一座永久性空中住宅。[130] 一个直径长达 46 米的气球被绑定在一艘巨轮之上，船上还悬挂着其他各类装置，包括游戏室、厨房、剧院，还有"空中水手"们的学习和休闲空间。[131] 即使在发表之初大受嘲讽，密涅瓦气球仍然完美捕捉到了弥漫

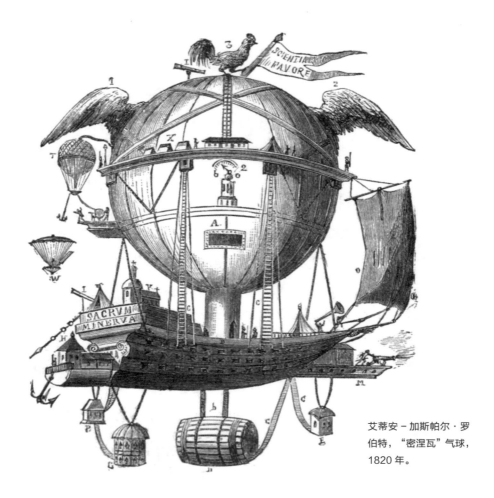

艾蒂安－加斯帕尔·罗伯特，"密涅瓦"气球，1820 年。

在热气球时代早期的虚荣气息，还有着面向未来的实践意义，最终在十九世纪后期成了法国插画家和小说家亚伯特·罗比达（Albert Robida）的科幻创作原型。

罗比达的未来主义插图小说三部曲，特别是发表于 1883 年的第一部小说《二十世纪》（*Le Vingtième Siècle*），直接采用了当时新兴的动力飞行技术，也就是之后造就了第一艘飞船的技术。[132] 亨利·吉法尔（Henri Giffard）在

1852 年首次提出了可驾驶操控的热气球设想，而直到 1903 年人们才驾驶着勒博迪兄弟（Lebaudy brothers）设计的飞船第一次完成了全面可控的飞行。[133] 在罗比达想象中的二十世纪五十年代的未来巴黎，大量飞船应用于交通系统中，形成了城市客运的基本形式。不同于其他未来主义作家，罗比达还为他的小说创作插图，《二十世纪》中包含数百张版画，不仅为书中文字锦上添花，更是"立体"地描绘了未来的种种景象。[134] 罗比达仅用从高处俯视巴黎圣母院塔楼的一个场景便足以说明一切。图中在半空停留的视角可能来自众多飞船之一，人们驾驶着这些飞船往来于坐落在巴黎圣母院顶部、具有哥特式铸铁结构的餐馆，此种鲜活场景令读者仿佛置身于小说所描述的明日世界之中。我们不再作为局外人驻足观看这幅画面，反而成了参与者，化身为体验未来天空之城拥挤生活的众多乘客之一。在罗比达的画面和文字中，未来文明的日常生活才是主角，小说平淡无奇的剧情仅仅只是一种借口，是"围绕着小说家笔下的世界展开的一场城市引导之旅"。[135]

《二十世纪》的整体基调是乐观的。未来的巴黎人生活节奏快速忙碌，科技在电力的应用下高速发展，因而发明了即时通信网络（互联网的前身）和安全高效、由一整套空中飞车、出租车、客车组成的公共交通体系。然而，1887 年出版的三部曲的第二本《二十世纪战争》（*La Guerre au Vingtième Siècle*）却为未来空中都市敲响了阴沉的警钟。早在十八世纪八十年代第一艘热气球飞行器发明之初，人们已经在测试将其应用于军事冲突之中。在《二十世纪战争》中，罗比达借小说中的飞天舰队预言了第一次世界大战期间齐柏林飞艇（Zeppelin）舰队对民众造成的空中恐怖，空袭技术最终在第二次世界大战末期再次升级，轰炸机投射的炮弹将整个城市夷为平地。[136] 空中恐怖也可能发生在其他地方，源于飞行技术发生的可怕故障：比如热气球坠毁、氢气动力飞船于大火之中解体，近年来飞

亚伯特·罗比达，巴黎圣母院塔楼一景，《二十世纪》，1883 年。

机还有迷路消失、不胜风力的风险，或者被用作武器去摧毁建筑。这些空中恐怖事故持续不断地打击着大众对于飞行技术的乐观态度，尤其是热气球这种虽然昂贵，但至今仍然十分流行的休闲活动。时至今日，飞行技术的阴暗面还体现在远程控制无人机对战士和普通平民进行偷袭，或者将群体智能①（swarm intelligence）模式用于军事目的，应用在目前正在研发的自主控制机器人飞船上，这也许将成为噩梦般可怕的未来军事武器。[137]

2016 年登空者十号的发射说明，虽然飞船旅行时代随着兴登堡号于 1937 年坠毁戛然而止，这种交通形式仍然具有前景，尤其在化石燃料动力飞行器越发昂贵而且饱受社会争议的现在。与此同时，在蒸汽朋克②（Steampunk）这一文学和视觉艺术流派中，飞船已经成为怀旧的象征，它既是一种"遗失"的技术形式，也是一种另类的未来理想。在被改写的未来中，飞船完胜动力飞行器，飞机或许从未获得诞生的机会。从布鲁斯·斯特林（Bruce Sterling）和威廉·吉布森（William Gibson）的《差分机》（*The Difference Engine*，1991 年）到柴纳·米耶维的《帕迪多街车站》（*Perdido Street Station*，2000 年）等蒸汽朋克小说中，各类飞船和飞行器极度盛行，向我们展示看似无用的技术如何在注入魔力后又反过来提示我们回想当初设计这些结构的初衷。[138]

①群体智能：源于对鸟类、蜜蜂和蚂蚁等社会性生物群体行为的研究，指众多智能简单的个体通过相互之间的简单合作所表现出来的复杂智能行为。群体智能行为的控制是分布式的，具有自组织性，在此基础上发展出来的多种人工智能算法已在电力、通信、化工、交通、机器人等多个领域中得到应用。

②蒸汽朋克："蒸汽朋克"一词由科幻作家 K.W. 杰特（K. W. Jeter）提出，是一种流行于 20 世纪 80 年代至 90 年代初的科幻题材。它以第一次工业革命的蒸汽科技主导的 19 世纪维多利亚时代为背景，站在现在替过去想象未来，进行夸张、叛逆的朋克式浪漫主义想象，以古典华丽的服饰、庞大复杂的机器和飞艇为特色。

在蒸汽朋克作品中，罗比达于十九世纪后期幻想的空中都市既是奇特的明天，又是异想的过去，并以想象的力量重新连接过去、现在与将来。以米耶维的《帕迪多街车站》为例，拥有奇特混合建筑和人与非人混血物种的幻想之城新科罗布森占据了整片天空，各类飞行生物盘旋空中，飞行船只"像葡萄在卷心菜上的蠕虫一般……缓缓滑行于云端"，军用小艇"从市中心向九霄云外疾驰而过"，形形色色的空中生物围着不时出现的巨型飞蛾环绕飞行。[139] 米耶维想象中的城市天空充满魔力和危险，尤其是这些既奇妙壮观又被用作军事镇压工具的飞艇，呼应着这类装置本身在历史上的双重身份。在另外一些幻想小说中，特别是在那些拒绝使用化石能源的未来城市中，飞艇取代飞机穿梭在保罗·巴奇加卢比《发条女孩》所创造的未来曼谷中，是这个因海水上升而遭受大面积破坏的海滨城市唯一的国际交通工具。

从古到今，甚至直到未来，这些比空气更轻的结构都以奇特的姿态出现在异想都市中，承担着重要的意义，因为它们提供了更多的可能性，丰富和扩展了空中城市的定义，超越了喷气式飞行器的传统疆域。而现在城市上空喷气式飞机的痕迹几乎消失殆尽，除非我们有人不幸和飞机场比邻而居。一些人强调的是飞船在它们吞油吐气的表亲面前的环保优势，另一些人看重的则是气浮结构在宣传自由平等这样的人类理想时，比飞机拥有更为强大的感染力。[140]

在二十世纪六十年代的先锋实验热潮中，许多建筑师转而选择气浮结构，是因为它们体现了那个时代的乐观主义精神，反抗了五十年代欧洲各国和美国习以为常的社会规范。此外，在蚂蚁农场（Ant Farm）、建筑电讯派和乌托邦小组这样的建筑组织眼中，轻盈的充气结构正好和当时流行的粗野主义（Brutalist）风格的沉重混凝土体块形成鲜明对比。[141] 虽然仅在很小的规模上实现过，但充气结构仍然在二十世纪六十年代唤起了人们的极大热情。对某些人而言，它们代表着对个人自由度和行动力的解放，在另一些人眼中，它们创造了一种新的感官体验，可能改变人类的主观意识。乌托邦小组这样的激进组织认为膨胀结构颠覆了中产阶级追求稳定和长久的庸俗生活，他们还于 1968 年 3 月在巴黎举办的"膨胀结构"（法语名称为"Structures Gonflables"）展览中解释了这种寓意，展览中的设计不仅包括充气膨胀房屋，还有各式各样的充气物品，涵盖机器、工具、家具以及交通工具。[142]

　　充气膨胀结构充满颠覆性和乌托邦理想的形象很快就倒塌了。尽管村田豊（Yutaka Murata）在 1970 年大阪世博会中为富士馆（Fuji Pavilion）设计了高达 30 米的世界最大充气建筑，成为众人目光的焦点，但充气结构也已经失去了破坏性的力量，而且自二十世纪七十年代以来 [143] 越发局限在娱乐和休闲领域，尤其常用于充当流行音乐演唱会上的舞台道具。[144] 尽管如此，在矶崎新（Arata Isozaki）和安尼施·卡普尔（Anish Kapoor）设计的"诺亚方舟"音乐厅（Ark Nova concert hall）这样的新近项目中，充气膨胀结构灵活适应城市生活新形态的初心以另一种方式获得了复苏。[145] 这种充气式音乐厅的甜甜圈形态外墙使用柔韧的塑料膜材料制造，为在 2011 年东日本大震灾受灾区域进行巡演的音乐会、剧目、舞蹈和艺术作品提供了可拆卸重组的表演场地。高表现力、色彩鲜艳的充气膨胀结构在此传达了人们面对灾难时积极适应和灵活变通的愿景。

　　即使充气结构未能依照二十世纪六十年代那些建筑与艺术空想家的期待来改造城市生活，我们还是有望在近年来的独特设计中继续发掘它们的乌托邦潜力。2010 年，建筑师文森特·卡勒博（Vincent Callebaut）公布了他的"氢化酶"（Hydrogenase）计划，创造了一个由一组巨型飞船装置组成的新型城市，这些

矶崎新和安尼施·卡普尔，"诺亚方舟"音乐厅，在卢塞恩施工中，2013 年。

装置培养特殊品种的海藻来吸收阳光和二氧化碳，并将其转化为氢气为自己供能。[146] 卡勒博的设计将飞船用作未来城市的建筑模块，每一个结构装置同时还是城市中的永久居住场所，他以此呼吁人们全面审视我们现有的城市设计。他以极大的热情宣告，未来的飞船城将秉持最新的生态和人道主义理念，结合他所发明的可以减轻世界灾害的移动城市，或将取代在其眼中形同夕阳产业的矿物燃料动力飞行技术。建筑师蒂亚戈·巴罗斯（Tiago Barros）自 2011 年开始的"浮云飞艇"（Passing Cloud）计划则显得更加理想主义，弹性尼龙纤维穿过轻若鸿毛的钢制骨架将齐柏林飞艇式的圆球固定在一起，形成一组气浮装置。[147] 浮云飞

蒂亚戈·巴罗斯，"浮云飞艇"，2011 年。

艇只靠风力驱动，将以一种完全异于当下航空旅行的方式运输乘客，缓慢、飘忽，完全暴露于天空之中。它的目标是将令人焦虑的航旅体验变为一场"时间自由，目的未知"的旅途，让乘客有机会感受"一种纯粹的漂浮感"，浮云飞艇准确地呼应了巴舍拉所理解的人类梦想中的飞翔体验，那就是无须翅膀也能飞向天空的自由。[148] 虽然氢化酶计划和浮云飞艇都借鉴了现成的超轻材料和清洁能源科技，它们依然密切发源于围绕充气装置展开的种种幻想，源自十八世纪末期第一颗热气球升空之时。技术可能会继续进化或者发展过剩，而飞翔之梦却永远与我们同在。

云中之城

在对空中建筑尤其是空中都市的设想中，阿根廷艺术家、建筑师托马斯·萨拉切诺（Tomás Saraceno）的作品值得我们细细品味，因为它可能是迄今为止关于这一主题最为深思熟虑的实践。萨拉切诺在他位于柏林的工作室中不断深化这些作品，将常见于其他飞行城市设计中的激进未来主义理念与基于科学研究和合作发展而成的硬核实用技术相结合。通过这种方式，他创作了一些最令人信服的天空城市作品，并通过大量展览和装置展示了人们实地建造与居住的方式。他的许多项目是持续进行的系列作品，共同表达了艺术家的坚定目标，即实现世界上第一座天空之城，或者如他本人所言，"探索新型的可持续发展模式，以此来居住和感受周围环境，直至实现太阳能与飞行相结合（aerosolar）的城市形态"。[149]

如同本章先前提及的众多作品，这个目标仿佛也是遥不可及的乌托邦理想，但萨拉切诺在他持续进行的"空港城市 / 云中之城"（Air-Port-City/Cloud City，2001 年至今）等系列艺术项目中精心安排了一组作品来体现云中城市建筑形态的建造法则。过去十年他在杜塞尔多夫建造了艺术装置"天体漫步"（In Orbit，2011 年），网格球体和穹顶仿佛飘浮在半空之中，供体验者自由穿行其间。[150] 他2012 年的"云中城市"（Cloud City）展览还在纽约大都会艺术博物馆（Metropolitan Museum of Art）的屋顶上建造了一组多边形居住模块。[151] 2007 年，他采取了不同策略，开创了位于太阳能旅行热气球中的博物馆空间——"飞行太阳能博物馆"（Museo Aero Solar）。这个热气球完全由回收利用的塑料袋制造，并且在发射地由参与者组装完成，持续绕世界各地环游至今。[152] 除此之外，萨拉切诺还进行着一项"走向飞行太阳能"（Becoming Aerosolar）计划，这个开放协作的艺术项目试图唤起人们与天空的互动，以此来培养一种新型的公众意识。[153] 这项不断进化的计划涵盖了小规模的科学研究和大尺度的结构装置，有的细致如萨拉切诺一直感兴趣的泡沫和气球结构力学、最优模块化包装设计和蜘蛛网抗拉强度研究，有的大手笔如他为"云中之城"系列绘制的大型空中居住群落。[154]

2008 年我有幸在伦敦海沃德美术馆（Hayward Gallery）的屋顶上亲身体验了萨拉切诺参加展览"疯狂房屋：艺术家设计的建筑"（Psycho Buildings: Artists Take On Architecture）的装置作品"空中观测台/空港城市"（Observatory/Air-Port-City）。这座装置是萨拉切诺空中结构的早期成果，

托马斯·萨拉切诺，艺术装置"空中观测台/空港城市"，海沃德美术馆，伦敦，2008 年。

托马斯·萨拉切诺，艺术装置"天体漫步"，杜塞尔多夫，2011 年。

它是一个飞行聚居区的模块原型，其中建造了一个步入式网格穹顶，参观者可以在里面的充气枕头上或坐或卧，观察周围环境并与之互动，而在下方的观察者们（比如在装置下方帮我拍照的朋友）看来，我们仿佛飘浮在半空之中。这种飘浮感是一种视觉幻象，装置并非真正飘浮在空中，仅仅是利用透明和反光材料制造了这样的假象。同样地，在萨拉切诺 2011 年的作品"天体漫步"中，层层叠叠的球形装置仿佛飘浮在位于杜塞尔多夫的北莱茵－威斯特法伦艺术品收藏馆（Kunstsammlung Nordrhein-Westfalen）玻璃穹顶之下，实际上却是被一张巨大的金属网和锚固于展厅地面的大量拉索牢牢固定在半空中。

萨拉切诺的装置作品允许参与者体验这种强烈的空中悬浮感，却无须承担实地空中旅行的高昂风险，例如萨拉切诺本人于 2015 年 11 月在新墨西哥沙漠进行的一场破纪录的载人太阳能热气球飞行。[155] 这里艺术作品的主要目的并非实现一座真正的飞行城市，而是影响人们对于天空的感受，进而改变大家对于天空的态度。2008 年体验"空中观测台 / 空港城市"装置的回忆令我仿佛重返童年，唤醒并重新体验着与天空联结的奇异感受。在"天体漫步"装置中悬挂球体的索网同样也是人们与作品互动的一种途径，对萨拉切诺而言，这和他作品中的其他装置一样重要，参与者的每一个动作经过索网的传递影响了他人的行为，并获得了彼此的回应。这种互动的作用在于改变人们"在空间之中的责任和社会行为……这里所说的空间指的是一个全新的空中世界"。[156]

萨拉切诺作品对参与的重视令人联想起蚂蚁农场和建筑电讯派在二十世纪六十年代和七十年代早期提出的理念，两个组织当时都在制作自制教程来鼓励人们建造自己的充气膨胀结构。[157] 然而，萨拉切诺对于参与的理解远胜于任何前辈，这也成为支撑他作品的一块基石。实际上他也认为自己理想中的未来空中都市需要创新而有序的组织规划，不能单靠个人的远见卓识。一些评论家认为这种参与手段具有特别的伦理道德意义，即努力创造一种社会居住环境，"以多元化为核心，和而不同，包容一切成功、失败、理念、速度、行为和特质"。[158] 和他那些设计空中人居环境的前辈们一样，萨拉切诺也坚定地认为空中之城应当消除已有的地域边界，创造一个乌托邦式的社会环境，实现全新的生活方式与共处模式。

社会学家布鲁诺·拉图尔（Bruno Latour）进一步扩展了萨拉切诺作品中强调的参与感的意义，将其延伸至非人类的世界中。[159] 拉图尔以萨拉切诺参加 2009 年威尼斯双年展的作品"星河绕细丝而生，正如雨滴沿蛛丝凝结"（Galaxies

Forming along Filaments, Like Droplets along the Strands of a Spider's Web）[160] 为例评论道，萨拉切诺的作品能让我们同时在视觉上和心理上都意识到，"若与周围的环境断绝联系，身份的认同便也荡然无存"。因此，在体验"空中观测台/空港城市"这样的作品时，参与者通过充气塑料薄膜、金属织网或不锈钢拉索等材料的弯曲感受到个体在空间中的相互联系，同时又透过透明球体观察到了外面的世界：他人、城市、天空。拉图尔坚定地认为这种双重含义对"生态模式和政治形态有着重要启示：对'内在'身份的认同与其'外在'关系的品质息息相关"。在拉图尔看来，这个生态系统诞生于人类世的广阔文化内涵之中，意识到人类活动已经并将持续塑造地球的形态，其影响力与地质变迁的作用不相上下。拉图尔认为萨拉切诺的作品提供了一种模式，改变了新时代中人类之间以至非人类之间的相处模式：这是一个没有阶层的社会和生态结构，将人类个体与"人类的支持系统"联系在一起，其中就有我们呼吸和居住其间的空气。[161]

在拉图尔这样的知名理论家的支持下，萨拉切诺的作品自然获得了其他空中城市设计所罕有的严肃意义。他对空中城市假说充满崇高的信念，这也体现在他严谨艰苦的创作实验中。然而，我们同样亟须指出他作品中存在的一些问题，艺术家本人尚未找到这些问题的解决办法，而这也在一定程度上降低了拉图尔等评论家对萨拉切诺作品的高度赞扬。首先，尽管萨拉切诺的艺术项目追求环保的理想，尤其要满足他对未来所有飞行装置仅靠太阳能驱动的规定，其充气装置使用的材料却绝非环保。使用聚氯乙烯（PVC）和聚乙烯（polyethylene）塑料薄膜生产的空中结构或许可以比地面建筑的传统建筑节省更多材料，但这些塑料产自石油，因此其生产过程会释放更多二氧化碳，而且产品本身也不可再生利用。其次，萨拉切诺在作品中强调彻底的灵活性，呼应了蚂蚁农场和建筑电讯派作品中的游牧式生活方式，却将这种去地域化活动（deterritorialized movement）带来的伦理问题弃之不顾。联想到建筑电讯派的空中"即时城市"（Instant City）等二十世纪六十年代移动城市设计，城市的自由运动经常呈解放之姿，却缺乏脚踏实地的政治基础。[162]

另外，显而易见的是，萨拉切诺所提倡的空中灵活性（aerial mobilities）将局限于强健有力的人群，也就是那些愿意在他的装置中攀爬、翻滚、跌倒、匍匐的人们。另外一些不够强壮的人，有的身体残疾，有的患有眩晕等精神疾病，他们应当何去何从？尽管空中灵活性的理念承诺为所有人带来自由，飞行城市无疑还是更适合原本就最为灵活的人群。而那些只想保持平静，留在原地，却被迫成为游牧民族的人们，那些难民、避难者以及经济移民们，此时应当如何自处？城市无拘无束的活动能力或许能为某些人提供自由，却严重扰乱了另一些人的生活。

萨拉切诺同时过分简化了建筑与天空之间的关系。他的天空之城试图超越国家的领土和政治，这一点在这个民族主义繁荣发展的时代尤其值得赞赏，然而他将天空视作人类新疆域的看法却十分危险，在他的眼中，天空是一片空旷辽阔的无主之地，时刻准备着迎接人类的殖民。艺术家想象中的天空仁慈善良，愿意为人类的居住空间奉献自我，而我们欠缺的只是一点点勇气。但是在人类世的今天，我们已经意识到气候变化正在逐渐扰乱和极端化地球的大气层，人类正在改变空气本身，而迄今为止我们的行为其实都在令空气变得更加不适宜人类居住。[163] 萨拉切诺轻如鸿毛的飞行城市能否应对这样的空气，应对这样不可预测、日渐狂乱极端的大气层？或许它和建筑电讯派和蚂蚁农场的充气舱一样可以保护我们免受极端天气伤害，但建筑是否最终只能以这样的保守姿态和天空相处？

这一连串问题令我们反思空气本身的复杂性，以及人类与空气的关系。即使我们的基本生存时刻有赖于呼吸空气，人类也实在不是天空的产物。拥有一副为陆地而生的躯壳，我们需要克服许多困难才能升到半空之中，而巨大的恐惧和不堪一击的脆弱常常如影随形。喷气式飞机或许可以冲破空气的阻碍，保护我们免受伤害，但许多旅行者从未成功克服恐惧登上这些笨重的机器。热气球也许能够减少我们暴露在上层恶劣空气中的风险，但若作为一种交通方式，气球旅行由于对空气的扰动极为敏感，几乎完全不如我们惯用的其他航空旅行方式方便快捷。倘若我们要接受萨拉切诺所想象的那种天空，便势必要以截然不同的方式看待目前居住的这个世界。我们头顶汪洋般的大气乃是气候变迁的关键动力，如果改变势在必行，人类也必须要在改变中接受并突破自身作为陆地生物的局限和脆弱。

我们可以轻易地嘲笑飞上高空的梦想是拉普塔式的幻想、不知所云的推测、自大的宣言或者花哨的想象。但人类与天空之间的关系其实建立在一道鸿沟之上，一侧是实际了解与感受过的天空，另一侧则是幻想中的天空。我们或许永远无法跨越这道鸿沟，无论将来人类如何运用科技手段冲上云霄，终将永远隔绝于高空气流之外。然而人类的集体行为已经对天空造成了不可挽回的改变，空中的气流日益动荡，我们亟须找寻应对之道。天空远非萨拉切诺作品中想象的和谐安详之地，只会变得愈加狂暴、紊乱和恶劣。我们需要关注的正是这样的天空，这片由我们自己创造的天空。我们关注的重点不应是如何主宰或控制天空，而是尊重并接受对它的依赖。

注释：

1. Kim Stanley Robinson, *New York 2140* (London，2017)。

2. 见政府间气候变化专门委员会的 *Climate Change 2013*: *The Physical Science Basis，Summary for Policymakers* (2014)。

3. 见 *Stern Review*: *The Economics of Climate Change* (2006)。

4. Kathryn Yusoff and Jennifer Gabrys，"Climate Change and the Imagination"，*Wiley Interdisciplinary Reviews*: *Climate Change*，II(2011)，pp.516—534。

5. 见 Mike Hulme, *Why We Disagree about Climate Change*: *Understanding Controversy，Inactivity and Opportunity* (Cambridge，2009)；以及 Amanda Machin, *Negotiating Climate Change*: *Radical Democracy and the Illusion of Consensus* (*London and New York*，2013)。

6. Harriet Bulkeley, *Cities and Climate Change* (*London and New York，2013*)，p. 143。

7. 见 Mark Pelling, *Adaptation to Climate Change*: *From Resilience to Transformation* (London and New York，2011)。

8. 关于神话传说中的大洪水的多样性见 John Withington, *Flood: Nature and Culture* (London，2013)，pp.9—32。

9. *Ibid.*，pp.19—20。

10. 亚历山大港海岸边的沉没之城是以下展览的主题: *Sunken Cities: Egypt's Lost Worlds, British Museum* 举办，London，19 May-27 September 2016.

11. 关于历史上沉没的城市见 Darran Anderson, *Imaginary Cities* (London, 2015), pp.198—205。

12. Hannah Osborne, "Sunken City of Igarata Begins to Emerge as Brazil's Drought Sees Water Levels Plummet", International Business Times。

13. *On the evolution and proliferation of climate change fiction*, 见 Adam Trexler, *Anthropocene Fictions: The Novel in a Time of Climate Change* (Charlottesville, VA, 2015)。我很感激亚当指引我阅读了大量以城市为背景的气候变化小说。

14. Ibid., pp.83—84。以及 also Carl Abbott, *Imagining Urban Futures: Cities in Science Fiction and What We Might Learn From Them* (Middletown, CT, 2016), pp.160—170。

15. 见 Matthew Gandy, "The Drowned World: J.G.Ballard and the Politics of Catastrophe", *Space and Culture*, ix/1 (2006), p.86。在 2009 年的一次的采访中，巴拉德本人承认这部小说对卡特里娜飓风后的新奥尔良有先见之明（见 "New Orleans: Gewalt ohne Ende", *Zeit Online*, 8 September 2005）。

16. 关于伦敦被淹没见 Paul Dobraszczyk, *The Dead City: Urban Ruins and the Spectacle of Decay* (London, 2016), pp.43—52; 以及 Matthew Gandy, *The Fabric of Space: Water, Modernity and the Urban Imagination* (Cambridge, MA, 2014), pp.185—188。

17. 见 Simon Sellers and Dan O'Hara, *Extreme Metaphors: Collected Interviews, J. G. Ballard* (London, 2014), pp.83, 90。

18. J. G. Ballard, *The Drowned World* [1962] (London, 2011), p.19。

19. Ibid., pp.63, 68。

20. 哗众取宠的未来气候变化非虚构预测包括 Mark Lynas, *Six Degrees: Our Future on a Hotter Planet* (London, 2008)，在封面图片中展示伦敦国会大厦 (Houses of Parliament) 被海水吞没的场景；以及 Naomi Oreskes, *The Collapse of Civilization: A View from the Future* (New York, 2014)。

21. 其他著名的以长期洪水为主题的城市气候变化小说有 Donna McMahon 的 *Dance of Knives* (2001)，背景设定于温哥华淹没后；Kim Stanley Robinson 的 *Forty Signs of Rain* (2004)，背景设定于华盛顿的《科学与资本》(Science in the Capital) 三部曲首部；Saci Lloyd 的以伦敦为背景的 *The Carbon Diaries* 2015 (2009) 和 2010 年的续集；以及 David Brin 的 *Existence* (2012)，发生在上海沉没后的黄浦江入海口的。

22. "新西兰人" 的来源与发展过程参见 David Skilton, "Contemplating the Ruins of London: Macaulay's New Zealander and Others", *Literary London Journal: Interdisciplinary Studies in the Representation of London*, 11/1 (2004)。关于多雷的版画见 Lynda Nead, *Victorian Babylon: People, Streets and Images in Nineteenth-century London* (London, 2000), pp.212—215。

23. 关于电影传统中的洪水灾害参见 Withington, *Flood*, pp.107-116; and Max Page, *The City's End: Two Centuries of Fantasies, Fears, and Premonitions of New York's Destruction* (London and New York, 2008), pp.74—76, 89—91, 196, 220—226。

24. 英国环境署 2011 年发布的洪水地图见 "Our Future Underwater: Terrifying New Pictures Reveal How Britain's Cities Could Be Devastated by Flood Water", *Mail Online*, 9 March 2011。林恩的海面上升系列地图 spatialities 网站。

25. 朗西奥的系列图像作品见 Nina Azzarello, "Architecture under Water: Francois Ronsiaux Images Man's Habitat Post Ice Thaw", *Designboom*, 23 January 2015, designboom 网站；拉姆的作品见 Meredith Bennett-Smith, "Nickolay Lamm's

Sea Level Rise Images Depict What u.s. Cities Could Look Like in Future",
Huffington Post。

26. Squint/Opera 第二张中的乌托邦，见 Gandy, *The Fabric of Space*, pp.210—
213; and Marcus Fairs, "Flooded London by Squint/ Opera", *Dezeen*, 18 June
2008, dezeen 网站。

27. 见"沉没伦敦"展区。

28. Maggie Gee, *The Flood* (London, 2004), p.189; George Turner, *The Sea
and Summer* (London, 1987), p.298; Stephen Baxter, *Flood* (London, 2008),
pp.172, 244。

29.《命运启示录》最早于 2004 年在布鲁克林艺术博物馆 (Brooklyn Museum of
Art) 展出，博物馆也是这件作品的委托方。画作之后被华盛顿的史密森尼美国
艺术博物馆 (Smithsonian American Art Museum) 获得。对作品的评论见 Alexis
Rockman, *Manifest Destiny* (New York, 2005); Linda Yablonsky, "New York's
Watery New Grave", *New York Times*, 11 April 2004; and Page, *The City's
End*, pp.226—228。

30. 见 Rockman, *Manifest Destiny*, p.6。

31. Dipesh Chakrabarty, "The Climate of History: Four Theses", *Critical
Enquiry*, 35 (2009), p.213。

32. 关于"未来世界"展览的信息参见 Lawrence R. Samuel, *The End of the
Innocence: The* 1964-1965 *New York World's Fair* (New York, 2007), pp.106—
109; 雅克·胡热利和伊迪斯·维尼尔的早期作品参见 *L'Architecture d'aujourd'hui*
特刊, 175 (1974), titled "Habiter la Mer", ed.Jacques and Edith Rougerie。

33. 见 Jude Garvey, "Sub Biosphere 2: Designs for a Self-sustainable Underwater World", *Gizmag*, 23 June 2010。

34. 对方案的回复见 Alexander Hespe and Alanna Howe, "Venice Biennale: Ocean City", *Australian Design Review*, 26 (October 2010)。

35. 方案最开始绘制于 Wolf Hilbertz, "Towards Cybertecture", *Progressive Architecture* (May 1970), p. 103。法里斯为项目所绘的大量画作后来由保罗·克雷顿重绘并发表 "Videre: Drawing and Evolutionary Architectures", *Materials. Architecture. Design. Environment*, vii/10 (2013), pp.16—27。

36. 见 Wolf Hilbertz, et al., "Electrodeposition of Minerals in Sea Water: Experiments and Applications", IEEE, *Journal of Oceanic Engineering*, iv/3 (1979), pp.94—113。

37. 例见 Ari Spenhoff, "The Biorock Process: Picturing Reef Building with Electricity", Global Coral Reef Alliance, 2010, globalcora 网站。

38. 见 A. Agkathidis, *Biomorphic Structures: Architecture Inspired by Nature* (London, 2016); and Michael Pawlyn, *Biomimicry in Architecture* (London, 2016)。

39. 演讲名为 "建筑是否可以自我修复？"(Architecture That Repairs Itself？)

40. 浸水都市渲染图全系列见 crab-studio 网站; 项目介绍见 Peter Cook, "Looking and Drawing", *Architectural Design*, 1 September 2013, pp.86—87。

41. 见 Cook's Veg House project from 1996, illustrated in Peter Cook, *Architecture Workbook: Design Through Motive* (Chichester, 2016), pp.142—145。

42. Tim Ingold, *Making: Anthropology, Archaeology, Art and Architecture* (London, 2013), p.21。

43. 见 Philip E. Steinberg, Elizabeth A. Nyman and Mauro J. Caraccioli, "Atlas Swam: Freedom, Capital and Floating Sovereignties in the Seasteading Vision", in Ricarda Vidal and Ingo Cornils, *Alternative Worlds: Blue-Sky Thinking since 1900* (Oxford, 2014), pp.76—77。

44. 关于人工岛的信息见 M. Jackson and V. Della Dora, "'Dreams So Big Only the Sea Can Hold Them': Manmade Islands as Anxious Spaces, Cultural Icons, and Travelling Visions", *Environment and Planning A*, 41 (2009), pp.86—104, 关于迪拜的人工岛见 Alessandro Petti, "Dubai Offshore Urbanism", in Michel Dehaene and Lieven De Cauter, eds, *Heterotopia and the City: Public Space in a Postcivil Society* (London and New York, 2008), pp.287—295; 和 Mike Davis, "Sand, Fear and Money in Dubai", in *Evil Paradises: Dreamworlds of Neoliberalism*, ed. Mike Davis and Daniel Betrand Monk (New York, 2007), pp.52—66。

45. 关于石油钻井平台等海事建筑以及其他功能性或军事性浮动装置的发展历史参见 C.M.Wang and B.T.Wang, *Large Floating Structures: Technological Advances* (London, 2015)。

46. 关于丹下健三的东京湾计划，以及日本新陈代谢派建筑师 (metabolist) 提出的其他海上城市方案见 Zhongjie Lin, *Kenzo Tange and the Metabolist Movement* (London, 2010), pp.133—171; 以 及 Mieke Schalk, "The Architecture of Metabolism: Inventing a Culture of Resilience", *Arts*, 3 (2014), pp.286—290。

47. 位于阿塞拜疆，被人们称为"油石礁"(Oil Rocks) 的可居住平台参见 Geoff Manaugh, "Oil Rocks", *BLDGBLOG*, 1 September 2009; 以 及 Marc Wolfensberger 的电影 *Oil Rocks: City above the Sea* (2009)。即使如今破败不堪，油石礁上仍然有人居住，而且还在源源不断地从里海 (Caspian Sea) 钻取石油。

48. 富勒的浮动城市系列概念方案参见 Martin Pawley, *Buckminster Fuller* (London, 1990), pp.157—162。关于特里顿城的细节见 Triton Foundation Staff, "An American Prototype Floating Community", *Build International*, iv/3 (1971)。

49. 见 Sandra Kaji O'Grady and Peter Raisbeck, "Prototype Cities in the Sea", *Journal of Architecture*, x/4 (2005), p.444。

50. Their early proposals, including Thallasopolis i, were featured in a special issue of *Architecture d'aujourd'hui*, "Habiter la Mer", 175, ed. Jacques and Edith Rougerie (1974)。

51. 这座建于 2015 年海洋研究中心见 Jacques Rougerie 的网站。

52. 见《日本建筑师》(Japan Architect) 杂志特刊 "International Ocean Exposition", Okinawa, Japan, 1975', 50 (1975)。

53. O'Grady and Raisbeck, "Prototype Cities", p.444。

54. On the agenda of the Seasteading Institute, 见 seasteading 网站。

55. 关于海洋家园最近的信息见 China Mieville, "Floating Utopias: Freedom and Unfreedom of the Seas", in Davis and Monk, *Evil* Paradises, pp.251—261; O'Grady and Raisbeck, "Prototype Cities", pp.454—458; 以及 Steinberg, Nyman and Caraccioli, "Atlas Swam"。

56. 贝茨于 2012 年过世之后, 西兰公国由其子迈克尔 (Michael) 继承。在曾经的海军要塞"怒涛堡"(Roughs Tower) 上设立海盗电台之后, 贝茨于 1967 年 9 月将其宣示为一个主权国家。一段有趣又不乏偏见的西兰公国历史可参见 Michael Bates, *Principality of Sealand: Holding the Fort* (Sealand, 2015)。

57. 见 Mieville，"Floating Utopias"，pp.241—242。关于自由号的最新消息可以查看项目网站 freedomship。其他类似项目还有"世界号"(The World)，这艘永居邮轮由"定居海洋"公司 (ResidenSea Inc.) 和"海洋密码"(SeaCode) 投资公司运营，于 2005 年自加利福尼亚启航，在邮轮中进行科技创意活动。参见：Philip E. Steinberg，"Liquid Urbanity：Reengineering the City in a Post-terrestrial World"，in *Engineering Earth：The Impact of Mega-engineering Projects*，ed. Stanley D. Brunn (London，2011)，pp.2113—2122。

58. O'Grady and Raisbeck，"Prototype Cities"，pp.455—456。新乌托邦的最新消息见项目官方网站。

59. 设计竞赛任务书见 seasteading 网站。

60. 见 seasteading 网站。

61. Mieville，"Floating Utopias"，p.251。

62. Quoted in Kyle Denuccio，"Silicon Valley is Letting Go of its Techie Island Fantasies"，*Wired*。

63. 见 Peter Linebaugh and Marcus Redicker's *The Many-headed Hydra：Sailors，Slaves，Commoners and the Hidden History of the Revolutionary Atlantic* (London，2002)。

64. 见 John Vidal，"The World's Largest Cruise Ship and Its Supersized Pollution Problem"，*The Guardian*，21 May 2016，theguardian 网站。

65. 关于阿姆斯特丹的船屋见 Jowi Schmitz and Friso Spoelstra，*Boat People of Amsterdam* (Lemniscaat，2013)。

66. Lloyd Kropp, *The Drift* (London, 1969), p.23。

67. Ibid., p.113。

68. Ibid., p.250。

69. 米耶维在他的文章《漂浮的乌托邦》中引用了克洛普的小说。

70. On the utopian politics of Mieville's Armada, 见 Christopher Kendrick, "Monster Realism and Uneven Development" in China Mieville's *The Scar, Extrapolations*, L/2 (2009), pp.258—275; 以及 Sherryl Vint, "Possible Fictions: Blochian Hope" in *The Scar, Extrapolations*, L/2 (2009), pp.276—292。

71. China Mieville, *The Scar* (London, 2002), p.100。

72. Ibid., pp.95—96。

73. Ibid., pp.96, 103。

74. 《地疤》是米耶维 "巴斯 - 拉格" (Bas-Lag) 三部曲的第二部, "巴斯 - 拉格" 是米耶维创造的架空世界。三部曲的另外两部小说分别是《帕迪多街车站》(*Perdido Street Station*)（2000 年）和《钢铁议会》(*Iron Council*)（2004 年），背景均设置在新科罗布森。

75. Mieville, *The Scar*, p.101。

76. Ibid., p.104。

77. 关于霍莱因的照片拼贴，参见 Liane Lefaivre, "Everything Is Architecture: Multiple Hans Hollein and the Art of Crossing Over", *Harvard Design*

Magazine，18（2003），pp.1—5。伦敦港务局方案获得了 2010 年英国皇家建筑师协会主席奖（RIBA President's Medal），方案细节详见 presidentsmedals 网站。

78. 关于刘的设计见 Geoff Manaugh，"Flooded London 2030"，*BLDGBLOG*，30 June 2010。

79. 关于艾瑟尔堡项目，参见 Koen Olthuis and David Keuning，*Float！Building on Water to Combat Urban Congestion and Climate Change*（London，2010），pp.45-47；和 Catherine Slessor，"Floating Houses, the Netherlands, by Marlies Rohmer Architects and Planners"，*Architectural Review*。关于艾瑟尔堡社区与其他浮动装置之间的关系，参见 Nick Foster，"Architecture：Floating Home Designs That Rock The Boat"，*Financial Times*。据福斯特（Foster）所说，艾堡社区所借鉴的对象是位于加州城市索萨利托（Sausalito）理查森湾（Richardson Bay）的 484 座浮动住宅，这是一座源自 20 世纪 60 年代的波西米亚社区。

80. 水舱装置漂浮时期见 Melena Ryzik，"Life，Art and Chickens Afloat in the Harbor"，*New York Times*；以及 Christopher Turner，"A Floating Island of Sustainability"，*Nature*，461（21 September 2009）马丁利的水舱计划创作始末参见 waterpod 官网。

81. 见 Mary Mattingly，"A Floating World"，*The Waterpod Project*。

82. 农舍计划见艺术家的个人网站 marymattingly。

83. 见 Mary Mattingly，"WetLand Project"，*Wet*-land 官网。

84. Ibid。

85. Kathryn Yusoff and Jennifer Gabrys，"Climate Change and the Imagination"，*Wiley Interdisciplinary Reviews：Climate Change*，（2011），p.524。

86. 见 Peter Anker, "The Closed World of Ecological Architecture", *Journal of Architecture*, 10 (2005), pp.527—552。

87. 马丁利的水舱装置创作始末见 Waterpod 官网。

88. 特纳在默恩塞尔海堡上的居住过程记录于 Stephen Turner, *Seafort* (Ramsgate, 2006)。

89. 关于项目的详细内容见 Exbury Egg 官网。

90. 在线日记详见 Seafort 官网, 以及 Exbury Egg 官网。

91. 默恩塞尔海堡历史参见 Frank R. Turner, *The Maunsell Sea Forts: The World War Two Sea Forts of the Thames and Mersey Estuaries* (1995)。

92. Turner, *Seafort*, p.85。

93. 红沙湾项目的细节详见 project- redsand 官网。感谢 2016 年 5 月 29 日组织公众参观默恩塞尔海堡。

94. 方案细节见 arosarchitects 网站。

95. "Airlander 10: Maiden Flight at Last for Longest Aircraft", *BBC News*, August 2016。更多关于 *Airlander* 10 的细节见 hybridairvehicles 网站。

96. "Airlander 10: Longest Aircraft Damaged during Flight", *BBC News*, 24 August 2016。

97. Steven Connor, *The Matter of Air: Science and the Art of the Ethereal* (London, 2010), p.31。

98. 关于气候科学历史与演变的实用介绍见 Spencer R. Weart, *The Discovery of Global Warming* (Boston, MA, 2008)。

99. Gaston Bachelard, *Air and Dreams: An Essay on the Imagination of Movement*, trans. Edith R. Farrell and C. Frederick Farrell [1943] (Dallas, TX, 1988), p.33。

100. Ibid., p.29。

101. Ibid., p.21。

102. Luce Irigaray, *The Forgetting of Air in Martin Heidegger*, trans. Mary Beth Mader (Dallas, TX, 1999), p.8。 见 also Mark Dorrian, "Utopia on Ice: The Climate as Commodity Form", in *Architecture in the Anthropocene: Encounters among Design, Deep Time, Science and Philosophy*, ed. Etienne Turpin (Ann Arbor, MI, 2013), p.149。

103. Stephen Connor, "Building Breathing Space", lecture presented at the Bartlett School of Architecture, University College London。

104. Ibid。

105. 见 Arvind Krishan and Nick Baker, *Climate Responsive Architecture: A Design Handbook for Energy Efficient Buildings* (London, 1999)。

106. 见 Amy Kulper and Diane Periton, "Introduction: Explicating City Air", *Journal of Architecture*, XIX/2 (2014), p.162。

107. 见 Dorrian 的 "Utopia on Ice"。

108. 英国的情况见 Tom Crook, *Governing Systems: Modernity and the Making of Public Health in England, 1830—1910* (Los Angeles, CA, 2016); 法国的情况见 Alain Corbin, *The Foul and the Fragrant: Odor and the French Social Imagination* (London, 1994)。

109. 见 Peter Sloterdijk, *In the World Interior of Capital: Towards a Philosophical Theory of Globalization*, trans. Wieland Hoban (London, 2013)。

110. 见 David Gissen, *Manhattan Atmospheres: Architecture, the Interior Environment, and Urban Crisis* (Minneapolis, MN, 2014)。

111. 空中俯瞰视图对现代主义城市规划的重要性参见 Nathalie Roseau, "The City seen from the Aeroplane: Distorted Reflections and Urban Futures", in *Seeing from Above: The Aerial View in Visual Culture*, ed. Mark Dorrian and Frederic Pusin (London, 2013), pp.210—226; 以及 Anthony Vidler, "Photourbanism: Planning the City from Above and from Below", in *A Companion to the City*, ed. Gary Bridge and Sophie Watson (Oxford, 2002), pp.35—45。

112. 关于高楼大厦和天空中的街道见 Joe Moran, "Imagining the Street in Postwar Britain", *Urban History*, XXXIX/1 (2012), pp.166—186。

113. 近年来的例子有 Matthew E. Kahn and Siqi Zheng, *Blue Skies over Beijing: Economic Growth and the Environment in China* (New York, 2016)。

114. 香港的天桥见 Stephen Graham, *Vertical: The City from Satellites to Bunkers* (London, 2016), pp.233—236。

115. 关于"云公民计划"见 Evan Rawn, "'Cloud Citizen' Awarded Joint Top Honors in Shenzhen Bay Super City Competition", *ArchDaily*。

116. 见 Connor, *The Matter of Air*, p.10。

117. Jonathan Swift, *Gulliver's Travels* [1726] (Richmond, VA, 2009), pp.126, 128。

118. Ibid., p.131。

119. 格列佛确实认为拉普塔人的思维方式堪比"他在欧洲遇到的大多数数学家"。(p.132)

120. 见 James Blish, *Cities in Flight* [1955—1962] (London, 2010)。曼哈顿星际飞行岛是四部曲第一部的重要设定: *Earthman, Come Home* (1955)。

121. 见 Dani Cavallaro, *The Anime Art of Hayao Miyazaki* (London, 2006), pp.58—63。

122. 见 Luke Cuddy, ed., *BioShock and Philosophy: Irrational Game, Rational Book* (Chichester, 2015)。

123. 见在线影片 "BiosnocK INFINITE: Ken Levine Discusses Columbia, Elizabeth, and Religion"。

124. 关于克鲁蒂科的飞行城市见 Selim Omarovich Khan-Magomedov, *Georgii Krutikov: The Flying City and Beyond*, trans. Christina Lodder (Barcelona, 2015)。

125. 见 Mike Crang, "Urban Morphology and the Shaping of the Transmissible City", *CITY*, xLiii/3 (2000), pp.310—313。

126. Karsten Harries, "Fantastic Architecture: Lessons of Laputa and the

Unbearable Lightness of Our Architecture", *Journal of Aesthetics and Art Criticism*, Lxix/1 (2011), pp.57, 60。

127. On the Multiplicity project 见 johnwardlearchitects 网站。

128. "Clive Wilkinson Suggests 'Carpet Bombing' London with a Co-working Office in the Sky", *Dezeen*。

129. 关于最早的热气球及其文化接纳度，参见 Charles C. Gillespie, *The Montgolfier Brothers and the Invention of Aviation, 1783—1784* (Princeton, NJ, 1983)。

130. 此概念方案发表于 Robertson as *La Minerva, an Aerial Vessel Destined for Discoveries, and Proposed to All the Academies of Europe, by Robertson, Physicist* (Vienna, 1804; repr. Paris, 1820)。

131. 见 Fulgence Marion, *Wonderful Balloon Ascents; or, The Conquest of the Skies: A History of Balloons and Balloon Voyages* (New York, 1870), p.133。

132. 见 Alfred Robida, *The Twentieth Century*, trans. Philippe Willems (Middletown, CT, 2004)。其他两部插图小说分别是 *La Guerre au Vingtieme Siecle* (War in the Twentieth Century), published in 1887; 以及 *La Vie Electrique* (The Electric Life), published in 1890。

133. 飞船历史见 Daniel G. Ridley-Kitts, *Military, Naval and Civil Airships since 1783: The History and Development of the Dirigble Airship in Peace and War* (London, 2012)。

134. Philippe Willems, "A Stereoscopic Vision of the Future: Albert Robida's *Twentieth Century*", *Science Fiction Studies*, xxvi/3 (1999), p.371。

135. Ibid., p.357。

136. 德国齐柏林飞艇在第一次世界大战中的应用见 Douglas H. Robinson, The Zeppelin in Combat: A History of the German Naval Airship Division, 1912—1918 (London, 2004)。第二次世界大战中的空袭见 Kenneth Hewitt, "Place Annihilation: Area Bombing and the Fate of Urban Places", Annals of the Association of American Geographers, LXXIII/2 (1983), pp.257—284。

137. 见 Julien Nembrini et al., "Mascarillons: Flying Swarm Intelligence for Architectural Research", *Proceedings of the Swarm Intelligence Symposium*, sis 2005 (June 2015), pp.225—232。此类科技在军事中的运用收录于 Ying Tan and Zhong-Yang Zhen, "Research Advance in Swarm Robotics", *Defence Technology*, IX/1 (2013), pp.18—39。

138. Cynthia J. Miller, "Airships East, Zeppelins West: Steampunk's Fantastic Frontiers", in *Steaming into the Victorian Future: A Steampunk Anthology*, ed. Julie Anne Taddeo and Cynthia J. Millers (London, 2014), pp.145—161。蒸汽朋克幻想作品中的其他著名案例可见 Joe R. Lansdale's novel *Zeppelins West* (2001) and Alan Moore and Kevin O'Neill's illustrated series *The League of Extraordinary Gentleman* (1999), 于 1999 年改编为电影。

139. China Mieville, *Perdido Street Station* (London, 2000), p. 77。

140. 见 Sean Topham, *Blowup: Inflatable Art, Architecture, and Design* (London, 2002), p.21。其他有关充气结构的故事还包括 Marc Dessauce, ed., *The Inflatable Moment: Pneumatics and Protest in* '68 (New York, 1999); Jacobo Krauel, *Inflatable Art, Architecture and Design* (London, 2014); 以及 William McLean and Pete Silver, Air *Structures (Form + Technique)* (London, 2015)。

141. 蚂蚁农场的充气结构参见 Constance M. Lewallen and Steve Seid, *Ant Farm*,

1968—1978 (Los Angeles, CA, 2004), pp. 2, 13, 15—19, 43; 有关建筑电讯派见 Simon Sadler, *Archigram: Architecture without Architecture* (Cambridge, MA, 2005), pp.113—114, 129, 171, 186; 关于乌托邦小组的信息和 "Structures gonflables" 展览, 见 Dessauce, *The Inflatable Moment*。

142. 见 Dessauce, *The Inflatable Moment*, pp.25, 80—96。建筑批评家莱纳·巴纳姆 (Reyner Banham) 在文章中对充气结构狂热现象进行了反思: "Monumental Wind-bags", *Ne-w Society*, xi/290 (1968), pp.569—570。

143. 见 Topham, *Blowup*, p.72。

144. 建筑电讯派的 "即时城市" 计划 (约 1968—1970 年) 利用气球和飞船作为移动城市生活的载体, 已经预示了充气结构的未来发展方向。曾受教于建筑电讯派的伦敦建筑联盟学院 (Architectural Association) 设计师马克·费希尔 (Mark Fischer) 将这些结构应用在流行音乐演唱会中, 参见 Eric Holding, *Mark Fisher: Staged Architecture* (London, 1999)。

145. 项目的设计方案见 "Ark Nova by Arata Isozaki and Anish Kapoor", *Dezeen*。

146. Mike Chino, "High-flying Algae Airships are Self-sufficient Airborne Cities", *Inhabitat*。见 vincent.callebaut 网站。

147. 见 Samuel Medina, "A City in the Sky: An Urban Space that Floats in the Clouds", *CityLab*。

148. 见 tiagobarros 网站。

149. 萨拉切诺本人的主张参见 tomassaraceno 网站。对萨拉切诺作品进行的各种长篇累牍的研究包括 Meredith Malone, ed., *Tomds Saraceno: Cloud-Specific* (Chicago, IL, 2014); Juliane Von Herz et al., *Tomds Saraceno: Cloud Cities/*

Air-Port-City (Berlin, 2011); 以及 Sara Arrhenius and Helena Granstrom, *Tomds Saraceno*: 14 *Billions* (Berlin, 2011)。

150. 在柏林的汉堡火车站当代艺术博物馆 (Hamburger Bahnhof-Museum fur Gegenwart) 中举办"云中城市"展览和在杜塞尔多夫的北莱茵-威斯特法伦艺术品收藏馆中展出艺术装置"天体漫步"之时,出版了萨拉切诺的作品集。

151. "云中城市"展览从 2012 年 5 月 15 日到 11 月 4 日于纽约大都会艺术博物馆中举办。参见 Roberta Smith, "Climbing into the Future, or Just into an Artist's Whimsy: Tomas Saraceno's 'Cloud City' on the Met's Roof", *New York Times*。

152. 飞行太阳能博物馆的最新进展见项目博客, 以及 Tomas Saraceno, Sasha Engelmann and Bronislaw Szerszynski, "Becoming Aerosolar: From Solar Sculptures to Cloud Cities", in *Art in the Anthropocene: Encounters among Aesthetics, Politics, Environments and Epistemologies*, ed. Heather Davis and Etienne Turpin (London, 2015), pp.57—62。

153. On the *Becoming Aerosolar* project, 见 tomassaraceno 网站, 或见 Sasha Engelmann, Bronislaw Szerszynski and Derek McCormack, "Becoming Aerosolar and the Politics of Elemental Association", in *Tomds Saraceno: Becoming Aerosolar* (Vienna, 2015), pp.63—80。

154. 其中一些画作见 *Tomds Saraceno: Cloud Cities*, exh. cat., Hamburger Bahnhof (Berlin, 2011)。

155. 见艺术家的官网 aerocene。

156. 引用自 Moritz Wesseler, "Cloud Cities", in *Tomds Saraceno: Cloud Cities*, p.94。

157. 蚂蚁农场团队在 1970 年出版了二千余份《充气手册》(*Inflatocookbook*)，内容包括教导人们制作充气结构的拼贴示意图和技术信息，该手册可在网上下载。萨拉切诺延续了这一传统，制作了《航空世探险家手册》(*Aerocene Explorer*)，这是"一套系留飞行 (tethered-flight) 初学者教程，可以教任何人学会放飞自己的航空世太阳能装置来探索天空"，参见 aerocene。

158. Engelmann, Szerszynski and McCormack, "Becoming Aerosolar", p.71。

159. Bruno Latour,"Some Experiments in Art and Politics", *e-flux*, xxiii/3 (2011), e-flux 网站。

160. On the 2009 Venice Biennale exhibit, 见 tomassaraceno 网站。

161. "Latour", "Some Experiments in Art and Politics", n.p.。

162. 见 David Pinder, "Cities: Moving, Plugging in, Floating, Dissolving", 见 *Geographies of Mobilities: Practices, Spaces, Subjects*, ed. Tim Cresswell and Peter Merriman (Farnham, 2011), pp.182—183。

163. 见 Nigel Clark, "Turbulent Prospects: Sustaining Urbanism on a Dynamic Planet", 见 *Urban Futures: Critical Commentaries on Shaping the City*, ed. Malcolm Miles and Tim Hall (London and New York, 2003), pp.182—193。

II 垂直的城市

四、
摩天大楼：
从标志到体验

    2009 年 6 月末的一天，未来的西欧最高建筑、由伦佐·皮亚诺（Renzo Piano）设计、耗资 15 亿英镑的"碎片大厦"（Shard）刚刚从地底的深坑中崭露一丝头角：打桩起重机正聚集在一起，一边测试土壤，一边夯实这座摩天大楼的地基。工地四周的围栏看板宣传着建造"垂直城市"的蓝图，这些文字不由得让人回想起那个追求高楼大厦和多层城市景观的未来主义理想，自十九世纪八十年代芝加哥的第一座摩天大楼诞生之初，这些景观便引领着一个又一个建筑奇观。[1] 然而在 2012 年建成之时，碎片大厦的意义远远达不到它最初的承诺。尽管这是一座综合性大楼，拥有豪华酒店、公寓、高端办公空间以及一个自带餐厅和商店的昂贵观景大厅，其所提供的功能却很难满足我们对于一座"垂直城市"的期待。[2] 为了进入碎片大厦观景大厅中十分夸张的"公共"空间，人们必须花费 25 英镑购买门票，忍受形同机场的安检流程，这实在是对传统定义中"公共空间"的嘲讽。[3] 在处理和城市的关系时，碎片大厦和大部分摩天大楼一样，一方面在视觉上主导着城市风景，尤其是夜间景色，另一方面则以神秘的姿态与世隔绝。而这样的疏离是否正是我们建造高楼以及完全违背人类经验建设城市所带来的不可避免的后果？

不同于本书上文中提到的沉没之城、漂浮之城和天空之城等虚构城市，摩天大楼已经以现实之躯完全融入城市生活中超过一个世纪之久。实际上，近年来人们已经开始加速建造高楼：中东和东亚地区的高速城市化进程不断催生着更高的高楼，它们成为城市的主要地标登上世界舞台，加入并挑战由纽约等美国高楼城市所主宰的旧世界。[4] 根据高楼研究领域的顶尖机构——"世界高层建筑与都市人居学会"（Council on Tall Buildings and Urban Habitat）的数据，2015 年的高楼建造数量超过以往任何年份，也就是说，这一年有 106 座建筑高度超过了 200 米。其中"超高层"（super-tall）（超过 300 米）和"极高层"（mega-tall）（高于 600 米）两个分类下的建筑数量急剧攀升：在 2001 年之前，仅有 23 座建成建筑高度超过 300 米，未有一座达到 600 米高度；2001 年到 2016 年则有 74 座超高层建筑拔地而起，而且在历史上第一次建成了三座极高层建筑，目前还有一些仍在建设当中。[5]

高层建筑建造数量的激增说明我们应该更加关注城市的纵向轴线，从头到脚，从地上到地下。[6] 世界上如此之多的新建高楼只服务于少数巨富精英，作为容器承载着流动的国际资本，却又同时主宰着城市的视觉中心，影响着所有城市居民。[7] 文学史学家保罗·哈克（Paul Haacke）认为，先进的创意想象"需要从高处观察未来的丰富前景以及过去的多元特性，同时在当下采取行动"。[8] 尽管摩天大楼的高度代表的是国际精英的权力，却依然为大众提供了想象的依据，孕育积极上进的城市理想。将这些堆砌得过于细致真实的高楼与一系列幻想中的摩天大楼并置，我们就能将垂直城市的理想照进现实，带回大众之中，你我之间。

标志

如今各类摩天大楼常常被冠以"标志"（icons）之名，即拥有主导力量的象征符号。这反映了长久以来自这种建筑类型诞生之初便开始的高楼崇拜。出于将比较高的建筑视作城市地标的悠久传统，人们自然会对十九世纪八九十年代芝加哥和纽约出现的第一批摩天大楼感到敬畏。整个十九世纪的伦敦旅游导览册子在向外国游客介绍这个高速发展的城市时，通常都会选择从高处俯视伦敦的地标建筑物，借助一群高大的建筑将游客在这个复杂而混乱的城市中游览的经历串联起来。[9] 此外，如今我们十分熟悉的"高楼高度对比图"其实源于维多利亚时代的资讯爆炸，在那个摩天大楼出现之前的年代，包含类似表格的印刷品广为流传，记录着当时主宰城市空间的教堂尖塔和穹顶的高度。所以，在十九世纪末商业高楼出现和凌驾于这些现存宗教建筑之上以前，我们已经有了将高大的宗教或世俗建筑作为标志物欣赏的深厚传统。

不过，摩天大楼在美国的粉墨登场依然标志着一个建筑新时代的开始，这一时期的建筑建立于清晰的结构原则（外挂幕墙的多层钢结构框架体系）和严格的商业用途之上。自十八世纪后期以来，铸铁和钢制结构框架已经在欧洲应用于

高楼高度对比图，2016 年。

工业建筑之中，而其在市中心商业建筑中的应用还要更晚一些，直到威廉·勒巴隆·詹尼（William Le Baron Jenney）设计的 42 米芝加哥家庭保险大楼（Home Insurance Building，1885 年）落成之后，钢制框架结构才获得广泛认可，成为摩天大楼的基本特征。[10] 随着这些大楼越长越高，它们在美国城市中的醒目形态吸引人们将其与更为古老的建筑进行比较，借此来为这种前所未有的视觉效果增添一些熟悉感和历史的延续性。因此十九世纪九十年代和二十世纪初到访纽约的游客常常将高楼组成的新奇垂直城市地景与古代巴比伦进行比较，人们对于后者的印象来源于《圣经》中字里行间的描述以及老彼得·勃鲁盖尔（Pieter Bruegel the Elder）等艺术家著名画作中的巴别塔（Tower of Babel）。[11] 荷兰建筑师亨德里克·佩特鲁斯·贝尔拉格（Hendrik Petrus Berlage）这样评价 1906 年纽约城中的高楼大厦：＂它们仿佛实现了人类的巴别塔之梦，这些建筑高耸向上，

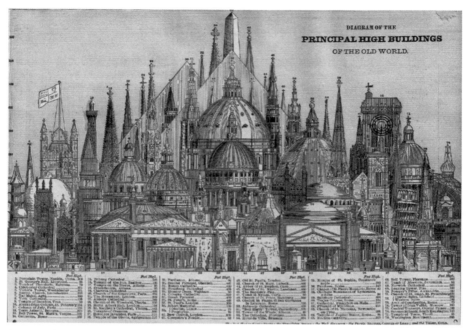

世界最高建筑高度对比图，制作印刷于伦敦，十九世纪七十年代。

几乎触及天庭。"[12] 一些人将新兴的纽约高楼天际线比作中世纪城邦：在卡尔·兰普雷希（Karl Lamprecht）的著作《亚美利加》（*Americana*，1906 年）中，便将纽约的当代天际线风景直接与意大利小城圣吉米尼亚诺（San Gimignano）的高塔照片进行比较。[13] 另一些人则将高楼的外形与古埃及神庙和美索不达米亚平原（Mesopotamia）的金字形神塔（ziggurats）对应。这些将历史建筑形象重叠于摩天大楼之上的联想行为表明：全新的形态只有通过和既有形式的关联才能获得大众的接纳。[14]

摩天大楼的新生时期在二十世纪二三十年代第一批超高层建筑诞生之时宣告结束，当时的最高楼是高达 381 米的纽约帝国大厦（Empire State Building）

休·弗里斯想象中的未来摩天城市，《明日都市》中的一幅插画。

①土地区划条例：为了阳光能够到达街道，促进空气流通，保证公共健康，纽约市议会借鉴德国法兰克福的先例，于1916年正式颁布了全世界第一部综合性区划条例。条例将纽约市划为五个高度分区，规定了街道宽度与建筑高度的比例，如果要建造更高的建筑，必须按比例从街道后退相应的距离，这导致纽约早期很多摩天楼呈现逐层退台式的建筑形态。

（1930—1931年）。为了遵循1916年引进纽约的土地区划条例①（zoning laws）的严格规定，这些高楼特意在纵向结构上采用了"退台"的形式，创造出与某些上古神塔惊人相似的作品。艺术家、建筑师休·弗里斯（Hugh Ferriss）在他发表于1929年的著作《明日都市》（*The Metropolis of Tomorrow*）中赋予了退台形式强大的视觉魔力，他用深灰色木炭绘制真实或想象中的摩天高楼，并且极为强调高耸建筑的几何形态以及从远处观看的视觉效果，建筑仿佛若隐若现于雾气之中，半明半暗。若是说弗里斯的标志性建筑物以古老的巴比伦形式获得了强大的气场，它们也因此产生了强烈的矛盾之感：这是以激进姿态奔向由顶级财富与文化阶层定义的未来，还是如同《圣经》中巴别塔的悲惨结局，以坠落之姿遭受彻底的毁灭？ [15]

　　二十世纪二十年代以来，现代主义建筑师致力于突破早期摩天大楼中大量的视觉符号借鉴和显而易见的历史主义[①]（historicism），创造出我们现在熟悉的方正几何形功能主义高塔，这些高塔在"二战"结束之后的三十年间广泛出现在世界各地的城市中心。然而令人不安的是，近年来新旧世界城市中急剧扩张的高楼建设再次赋予了高大建筑强大的象征意义。西萨·佩里（César Pelli）设计的吉隆坡国家石油大厦"双峰塔"（Petronas Towers）（1998 年）首次将世界最高楼的头衔从美国转移至亚洲（2004 年被台北 101 大厦超过），双峰塔同时被看作城市国际化地位的标志和本土身份认同的象征，两座尖塔明显借鉴了伊斯兰教清真寺宣礼塔的形式。[16] 新一代的最高楼同样也延续着一定的历史脉络，它们似乎是在完成以往过于激进的设计方案：比如双峰塔和亚恩·霍赛克（Arne Hosek）1928 年设计的"未来之城"（City of the Future）中由天桥连接的两座高塔，[17] 以及迪拜高达 829.8 米的现今世界第一高楼哈利法塔（2004—2010 年）和弗兰克·劳埃德·赖特设计于 1957 年、高度达1 600 米的伊利诺伊大厦（Illinois Tower）方案，而哈利法

迪拜的哈利法塔（Burj Khalifa）（2004—2010）和它可能参考的历史原型：弗兰克·劳埃德·赖特设计于 1957 年的 1 600 米高的"伊利诺伊大厦"方案。

———————

①历史主义：建筑中的历史主义活跃于 19 世纪 50 年代到 20 世纪中期，通过模仿和再创造历史样式和元素来设计新的建筑，有时可以形成截然不同的形式风格。

塔的地位很快将被沙特阿拉伯高达 1 000 米的吉达塔（Jeddah Tower）取代。[18] 对于这些形态的借鉴不仅为新生的摩天大楼注入了建筑的学术内涵，也赋予了它们历史的延续性，让新世界后人的设计实现西方前辈难以企及或不愿触及的梦想。双峰塔和哈利法塔等高楼所拥有的标志性特质在于其所宣扬的"必然性"——它们是在高楼演化的历史中由前人所预见的产物。

如果说某些未来摩天高楼的标志性符号取材于过去，完善并超越了过去，我们又该如何理解伦敦最新高楼们的标志性昵称呢？比如碎片大厦、"小黄瓜"大楼（Gherkin）[开放于 2004 年的圣玛莉艾克斯 30 号大楼（30 St Mary Axe）]、"奶酪擦子"大楼（Cheesegrater）[2004 年建成的利德贺街 122 号大楼（122 Leadenhall Street）]和"对讲机"大楼（Walkie Talkie）[建成于 2014 年的芬乔奇街 20 号（20 Fenchurch Street）]？或者是那些本书成文之时正在兴建的"伦敦之巅"（Spire）（预计 2019 年完工）、"手术刀"大楼（Scalpel）（2018 年完工）以及"火腿罐头"大楼（Can of Ham）（2019 年完工）？冠名使用的标志物自然都是些稀松平常的日用品，通过这种虽然普通但便于记忆的方式概括这些建筑的醒目形态。这些昵称的诞生未必是出于公众的喜爱和接纳，表示建筑已经顺利进入城市的日常生活里；实际上它们从概念设计之初就已经融合在设计和市场营销策略中。正是建筑师伦佐·皮亚诺本人在设计阶段将自己的方案形容为"玻璃碎片"，从而创造了"碎片大厦"这个名字。[19] 在建造越发密集，竞争日益激烈的高楼市场，昵称是一种自由灵活的身份符号，有助于开发商和规划部门将建筑推销给广大民众。[20] 然而美国第一代高楼的标志性地位在于它们代表着企业出于社会理想，考虑公民权益所做的设计，如今的标志性高楼不过是在突出一种"品牌"形象，它们以公共空间为名，掩盖自己为少数国际精英提供极致安全空间之实。[21] 碎片大厦的参观者很快意识到，观景大厅用它的"公共"形象掩盖了一个事实，那就是建筑的主要内部空间实际上被小心翼翼地隔离在公众视线之外。向访客渲染的尊贵氛围不过是加剧了广大民众与商务人士和奢华富豪等建筑日常使用者之间的隔阂。

根据地理学家玛丽亚·凯伊卡（Maria Kaika）的看法，昂贵的高楼是一种"自闭的建筑"，它们病态地以自我为中心，将自身隔绝于外部世界。[22] 在那些没有能力居住其中的市民眼里，它们仿佛城市风景中的一种信息媒介。摩天大楼通常只可驻足远观，如今又越发依靠特殊的视觉效果来吸引眼球，比如夜间精美的打光还有聚焦立面细节的照片，以此来宣传产品或纪念特殊的活动和节日。[23] 除此之外，当代高楼的媒介属性也为电影中的垂直城市景观提供了激发想象的素材：比如和《银翼杀手》的电影场景极为相似的烟雾缭绕中的高楼投影画面。尽管我们可以将这种幻想与现实之间的模糊地带理解为城市生活中物质与精神体验的内在联系，这种现象依然加剧了一种趋势，那就是仅仅关注高楼大厦的视觉效果，将目光锁定在表皮之上，令内部空间彻底与世隔绝。

标志或许是人们崇拜的对象，但也有可能成为攻击的靶子，尤其是当破坏偶像主义（iconoclasm）形成一种意识形态之后。偶像破坏者们把标志性物体当作破坏的对象，标志物所具有的公信力刺激了破坏者征服的欲望。另一种"善意"的破坏偶像主义则是对纽约的高楼大厦进行毁灭性打击的欲望，这种欲望长期以来却哺育了大量的文艺作品：从 H.G. 威尔斯的小说《大空战》（*The War in the Air*，1908 年）中德国飞船毁灭了纽约建设中的天际线的情节，到"9·11事件"前后或预言或回顾了这些事件的电影，比如《独立日》（*Independence Day*，1996 年）和《科洛弗档案》（*Cloverfield*，2008 年）。[24]

在灾难小说和电影的悠久历史传统中，有一类作品致力于瓦解摩天大楼内外之间的悬殊差异。这些幻想作品直接向楼中傲慢的特权阶级发起挑战，而这些人还以为高楼内部是一片安全的净土。从外部入侵摩天大楼的故事是其中一个重要主题：比如拉瑞·尼文（Larry Niven）和杰里·波奈尔（Jerry Pournelle）的小说《尽忠之誓》（*Oath of Fealty*，1981 年）中恐怖主义分子试图破坏洛杉矶的巨型堡垒高楼，或者在乔治·A. 罗梅罗（George A. Romero）的电影《活死人之地》（*Land of the Dead*，2005 年）中觅食的僵尸想办法闯入了一座办公大楼。当高楼之内的社会和物质体系土崩瓦解之时，入侵也可能自内部产生，其中最有名的或许是巴拉德 1975 年的小说《摩天楼》（*High-Rise*），也见于戴维·柯南伯格（David Cronenberg）同年上映的处女作《毛骨悚然》（*Shivers*），影片中一座精英高层公寓被寄生生物所感染，居民都变成了色欲熏心的僵尸。《摩天楼》和《毛骨悚然》的结局都是高楼内社会体系的崩溃蔓延至高楼之外：在巴拉德的小说中，这种崩溃逐渐向其他高层建筑传播，在柯南伯格的电影里则是疯狂的居民最终离开公寓走进车中，启程出发去感染外面的世界。

二十世纪七十年代早期至中期描绘高楼社区衰退的反乌托邦小说尤其兴盛，硕果累累。作为《摩天楼》的补充，马克·雷诺兹（Mack Reynolds）的小说《乌托邦之塔》（*The Towers of Utopia*，1975 年）目睹了摩天大楼成为人为弃置行为的牺牲品。在这部小说中，一座商业巨头名下的 119 层高楼遭到蓄意废弃，以便创造需求来建造新的高楼——因为城市经济的增长几乎完全依赖于建筑工业。托马斯·M. 迪斯科（Thomas M. Disch）的小说《334》（1972 年）又以另外的角度表现了在威权主义（authoritarian）统治下社会阶级界限分明的冷酷未来中纽约废弃高楼区的生活。罗伯特·西尔弗伯格（Robert Silverberg）的小说《内部世界》（*The World Inside*，1971 年）则更加天马行空，在遥远的未来，不计其数的 3 000 米高巨塔中几乎居住着全世界的 750 亿人口。[25] 反乌托邦城市设想在七十年代早期的盛行意味着人们越来越清醒地认识到了城市化过程产生的环境代价，当时社会福利住宅中相继出现的失败案例促使反乌托邦作品的主题逐渐聚焦于高楼大厦。1968 年建于伦敦的"罗南角"（Ronan Point）高层公寓区因为劣质建造手段造成的结构问题而倒塌，圣路易斯（St. Louis）的"普鲁特艾格"（Pruitt-Igoe）住宅项目因社会体系问题于 1972 年遭到拆除，曼彻斯特的"赫尔姆新月"（Hulme Crescents）住宅区几乎在 1972 年落成之后便立刻开始走向衰亡。[26]

近年来复兴高层住宅的行为遭受了强烈质疑，人们怀疑高楼住宅的形式并不适合建造社会福利性住宅。为了让新自由主义政策名正言顺地对公租房进行彻底拆解，将其交付到私人资本手中，人们的关注力被引向高层社会住宅中的少数失败案例，同时忽视了其中的诸多成功故事，这也为现在通过建造私有高端摩天大楼来"奢侈化"城市天际线的潮流提供了经验支持。[27] 这样看来，二十世纪七十年代早期的反乌托邦小说与其说揭露了不负责任的建造公司和市政机构在社会住宅建设中的失职行为，实际上可能加速了高层社会福利住宅在观念和定义上的衰落。不过，小说中的批判见解同样也可以再次打破我们的现有观念，即富有的高层居民不会像蝇头百姓一样屈服于来自社会的压力。针对这一点，巴拉德的《摩天楼》仍然可以有力地对抗这种傲慢，因为在他的描述中，发生在高层住宅里的社会动荡明显来自殷实的中产阶级，这彻底抨击了当代关于高楼建设的讨论中彻头彻尾的阶级偏见。[28] 或许以后小说中的入侵故事会将矛头对准那些自以为无害的人，那些将自己紧紧包裹在高悬于城市天空的豪宅中的人？可能后世的幻想作品将瓦解高楼内外的界限，向傲慢敲响警钟，向合作张开双臂，最终令社会精英们承认并接受自身的脆弱。

阿拉斯泰尔·雷诺兹（Alastair Reynolds）的小说《终点世界》（*Terminal World*）正是如此，不过它的故事背景是虚构的垂直城市"刀尖城"（Spearpoint），这座城市似乎坐落在另一颗星球上，混居着人类、智能机器以及由人类进化而成、可以栖居高空的云栖天使（cloud-dwelling angels）。尽管刀尖城是一个拥有3 000万居民、建立于一座高不可攀的巨大人造尖塔之上的虚构城市，它仍然聪明地颠覆了关于垂直城市的传统看法，提示人们思考摩天大楼为何好像总是无法满足它们所承诺的垂直城市愿景。远远望去，刀尖城的巨大螺旋形体量仿佛和今天的媒体化大楼一样是一个符号化标志："城市街区看上去不过是笼罩在螺旋上升的建筑体上的灯光，闪烁着荧光的涂料。"[29] 然而刀尖城的灯光不仅仅是对外宣传的表面形象，更是一种对居住其中的万事万物和鲜活生活的光影留念。虽然刀尖城的建造形式垂直高耸，依附在其底层的却主要是簇拥于铁轨周围的低矮楼房，铁轨沿着陡峭的螺旋状路径蜿蜒盘旋，上下穿梭于泾渭分明的城区之中，令人联想起伊拉克建于公元九世纪的萨迈拉（Samarra）大清真寺那螺旋状的尖塔。另外，刀尖城从中心发射震波来划分垂直城市的街区，同时塑造城区的形态肌理。当震波工作时，临界区域的居民需要服用抑制药物来减缓街区移动引起的不良反应。

纵观全书，小说的主人公——坠落天使剑永[①]（Quillon）为逃脱暗杀不得已离开刀尖城，城市的隐疾随之暴露在我们面前：首先，它与外界的主要联系是通过混乱的绳索和滑轮系统输送原料；其次，此前一次灾难般的城区转换让刀尖城濒临毁灭，它曾经的姐妹城市——由飞船相互连接组成的庞大社群"云集城"（Swarm）也被迫返航以拯救破损的尖塔于危难之中。刀尖城初登场时有如自给

①剑永: Quillon 有剑的意思,
一般用作男生名字,源自法文。

②利卡索: Ricasso 是指刀
剑的防护罩或手柄上方未削尖
的刀片长度。

自足的城市典范,这座古老的垂直建筑为大量居民提供了庇护,但即使是这样堡垒般坚固的城市,在不受控制的强大力量面前也是脆弱难当。总而言之,每当刀尖城需要和垂直堡垒之外的外界联系时,它的标志性地位就要被削弱一分。云集城的领袖利卡索②(Ricasso)认为,孤立状态下的刀尖城是"进化的终点:无法适应环境的造物"。在他的眼中,刀尖城若要保持繁荣,就必须与"渺小脆弱者"再次联手,比如云集城这样"整体与个体无异"的"反城市"(counter-city)。[30]《终点世界》仿佛一个"强者离不开弱者"的寓言故事,有力地回击了当代摩天高楼偶像们以孤立为美德的潮流趋势。

体验

　　自从 1889 年埃菲尔铁塔上安装观景台之后，登顶高楼俯瞰城市的活动成为城市游客旅途中的例行公事。2016 年 12 月，我也成了登上伦敦碎片大厦于 2013 年开放的 69 楼和 72 楼观景台的百万民众之一。"碎片大厦观景"活动利用了至少从十九世纪早期开始的俯瞰伦敦热潮，当时人们为特制圆形建筑内呈列的巨幅城市全景图和穿行于英国首都乃至全欧洲的热气球旅行而疯狂。[31] 登高观景活动盛行之时，恰好是伦敦在工业革命兴起后快速转型和爆炸式增长的时期。如今房地产市场见证着上百座崭新的高层商住混合体于城市各处拔地而起，我们所经历的社会变革的激烈程度或许更甚当年。[32]

　　当城市正在经历激烈变革时，人们便越发渴望从极高处眺望复杂城市时所体验到的那种宁静的掌控感。从碎片大厦 244 米高空的观景台向下望去，伦敦既是一个清晰可辨的流动网络，有着呈扇形发散，延伸至地平线尽头的公路与铁道；也是天色渐暗，童话般绚丽多彩的夜幕降临之时那一片崇高的美景；又是一个仿佛将我们每一个观众都环抱于最中心处的城市。这种宁静的掌控感自然是与地面上的纷繁复杂保持距离的结果。[33] 而实际上这种屏蔽其他感官，全心全意用眼睛来思考的行为又重复着导致当代高楼内外隔绝的符号化视角。在碎片大厦的 72 楼观景之时，建筑的其他部分仿佛不复存在，当然参观者也不允许进入观景台之外的其他地方，而伦敦本身就像夜景中远处的高楼风景一样，成了一个遥远的标志性符号。

　　高楼中的观景台也体现了摩天大楼限制人们在垂直空间中行动的方式。为了更形象地理解这一点，我们可以想象把碎片大厦的轴线从纵向移至水平，将其变成一座冗长、狭窄、低矮的"伏地大楼"（ground-scraper）。结果可能是一座拥有无数死胡同和少数出入口的城市，所有路径最终汇集在一起，终止于一处。当然现实中的水平建筑不可能在空间上如此受限，这只是为了说明纵向发展的建筑高楼与城市中其他空间之间的巨大差异。在对于城市空间的处理上，摩天大楼不但没有增加，反而限制了开放给市民的公共空间。在地面上，城市提供了"阡陌交通的街道空间，拥有拓展更多相互联系的可能性"；在垂直城市中，这种相互联系往往十分有限，而且经常遭到严令禁止。[34]

　　沿纵向建造必然意味着城市联系的减少，而当代高楼建筑师们似乎不太乐意参与设计师和规划者们为挑战高楼轴线的绝对权威所做的漫长努力。在摩天大楼时代的黎明时期，人们预测未来的高楼城市将加入多样的水平楼层来连接不同楼体，从而大量增加"城市地面"，所以二十世纪早期诸多有关垂直城市的大胆设想明确加强了对于水平性的思考。这在基于现有城市状况的未来愿景中尤为常见，比如理查德·鲁梅尔（Richard Rummell）为书籍《国王视角下的纽约》（*King's Views of New York*，1911年）创作的封面画和哈维·威利·科贝特（Harvey Wiley Corbett）的版画《未来之城》（*City of the Future*，1913年）。[35]不管是鲁梅尔还是科贝特笔下的纽约城，高度不断攀升的建筑之间亟须通过多层次的空中交通网络相互连接。同样地，在《大都会》（*Metropolis*，1927）和《五十年后之世界》（*Just Imagine*，1930年）等早期关于未来城市的电影图像中也设想了连接纵向与水平轴线的类似措施。[36]纽约如雨后春笋般的高楼大厦还启发了H.G. 威尔斯1910年发表的小说《昏睡百年》（*The Sleeper Awakes*），书中遥远未来的伦敦变成了一个由令人眩晕的空中步道连接的高楼林立城市。许多作

从伦敦碎片大厦 72 楼观景台看到的风景，2016 年 12 月。

理查德·鲁梅尔，《国
王视角下的纽约》封
面画。

品将不同形式的城市交通体系进行严格分类，似乎是要解决地面交通的拥堵问题，不过它们也设想了居民在未来城市的多重水平空间中经历的丰富生活。

尽管城市规划者对空中交通系统的尝试中不乏成功先例，比如芝加哥的"L"轻轨、曼谷的空铁（Sky Train），还有明尼阿波利斯和香港的高楼人行天桥，多层城市空间的设想还是要为强调纵向高度的主流形式让路。[37] 即使是近期那些将水平空间重新引入高楼的实践也常常无法达到前人设想中的社会规模。北京的中央电视台大楼总部（Central TV Headquarter，2012—2014 年）和新加坡的滨海湾金沙度假村（2010 年）同样都以垂直高塔之间醒目的水平元素为特色，但均未通过这种方式将高塔与城市相连。本书第三章已经提到，滨海湾金沙度假村跨立于屋顶之上的奢华泳池实际上不过是摩天大楼通过在城市上空建立圣殿来取悦特权精英的又一个佐证。即使是像清水建设株式会社（Shimizu Corporation）委托建筑师丹特·比尼（Dante Bini）和大卫·迪米崔克（David Dimitric）设计的巨型垂直城市"金字塔超级城市"（Mega-City Pyramid）[38] 和 CR 设计公司为深圳设计的"云端居民"概念方案这样目前最为野心勃勃的构想，也仅仅在它们的高楼世界内部创造水平连接，也就是说，它们将垂直城市与现有的城市环境彻底隔绝开来。虽然这种高层生活不一定会像巴拉德预言的那样引起社会的分裂，但这种源于垂直模式本身的隔离倾向已经成为高楼居民不愉快生活体验的原因之一。[39]

因此也就难怪摩天大楼题材的幻想作品要比真实建筑更加坚定地将水平地面的生活带回垂直世界中。这些作品从消极的角度描写了高楼对居民的异化作用，比如《冲天大火灾》（*The Towering Inferno*，1974 年）中被灾难性大火吞噬的摩天大楼，或者《虎胆龙威》（*Die Hard*，1988 年）中恐怖分子和布鲁斯·威利斯（Bruce Willis）之间硬碰硬的打斗场面，让影片中的摩天大楼充满了情绪张力。[40] 这些电影里的垂直建筑环境从安全的净土变成了极端险境，在"9·11事件"铺天盖地的电视新闻中，许多人因为燃烧的世贸中心大楼中缺乏逃生通道而被迫跳出窗外，坠入死亡，这种恐怖从此通过电视影像感染了我们的现实生活。电影创作者也借助这种高空行动的危险氛围来增加故事中的戏剧张力和紧张感。比如在《银翼杀手》的剧情行至高潮之时，观众看到哈里森·福特（Harrison Ford）仅靠指尖悬挂在未来洛杉矶的高楼屋顶，眼看着就要坠入下方的无尽深渊，最后被他全程追杀的复制人（replicant）将其救下才得以逃生。在之后的电影《云图》（Cloud Atlas，2012年）里，一对夫妇为了躲避追捕，利用一座脆弱的高科技临时天桥逃亡于魔幻绚丽的未来首尔高楼间。一些更加现实主义的电影也会将水平方向融入垂直建筑之中，如安德莉亚·阿诺德（Andrea Arnold）的电影《红路》（Red Road，2006年）有一个场景：在格拉斯哥摇摇欲坠的高层住宅"红路"中，贫困的24楼居民打开窗户去感受风儿吹拂在脸颊和身体上的力量。在以上所有作品里，旋转90度沿垂直方向移动后带来的眩晕感既令人恐惧，又让人感到兴奋。

眩晕和高楼最紧密的一次结合可能是飞利浦·珀蒂（Philippe Petit）于1974年8月7日在世贸双子塔之间进行的一次高空走钢丝表演，这场表演被两次搬上银幕，拍摄成电影《走钢丝的人》（Man on Wire，2008年）和《云中行走》（The Walk，2015年），不过当时的真实表演从未被记录在镜头中。电影一方面展示了双子塔不可思议的建筑形象，巩固了它们在"9·11事件"之前的重要标志性意义，又戏剧化地表现了在双子塔之间瞬间平移，跨越垂直虚空的刺激感受。珀蒂的走钢丝表演很快被形容为一种英雄壮举，珀蒂本人也成了"超级英雄"，延续了像蜘蛛侠这样可以在摩天高楼外墙上自由攀爬的幻想角色的悠久传统。[41]

通过攀登摩天大楼获得快乐与赞扬的体验是形形色色城市探险活动中的重要一环。在这种日益激烈的城市运动中，探险者们互相激烈竞争，抢先登顶高楼奔向终点，而他们面临的最终挑战通常是以缺乏防护的危险姿势登上工地的塔吊或者龙门架。[42] 城市探险家布拉德利·加勒特（Bradley Garrett）认为这些非法攀登的动机有的来源于探索人类恐惧极限的渴望，有的出于体验无限自由的急切欲望，有的则是想要模仿珀蒂乃至蜘蛛侠，感受超级英雄的无所不能。[43] 高楼探险家创造的许多形象都在强调高空景观特有的壮丽感以及探险家本人的英雄气质。这必然导致探险者形象的日益商业化，而且广告商也会借鉴这一点，在产品宣传中渲染危险紧张之感。[44]

许多城市探险者攀爬摩天大楼是为了以自己认为合理的方式自由体验城市。探险家们不断质疑：为什么他们要被迫付费进入高楼中的观景台？为什么他们的体验方式必须拘泥于他人制订的规则？不过，城市探险者对凌驾于万物的个人自由的渴望和促使游客登高望远的动力难道有何不同？两种行为都是通过逃离城市来从城市手中重获自由。和游客参加碎片大厦观景活动，享受主宰城市上空以及置身城市中心的愉悦一样，城市探险家怀着同样的目的，以自创的方法攀登高楼之巅。人们无论沿何种路径上升，均会殊途同归，到达同一个观景之处——占据高高在上的优势地位，斩断城市系统和琐碎日常中的一团乱麻。高处观景的行为无助于改善摩天大楼与远处城市之间的疏远关系。

不过，在令人眩晕的攀登中，城市探险家对摩天大楼最不友善的外立面空间进行了一番有趣的窥探。高空中的外墙常常遭受难以预计的狂风击打，因此许多超高层和极高层建筑的窗户为了防止意外事故而保持永久关闭状态。所以也就不难理解，为什么高楼外墙很少像楼里的室内空间或者远景中的外部形象一样激发人们丰富的想象。不过，还是有一部小说设想了一座完全依靠外墙支撑一整套人类生态系统的巨型"圆柱"大楼（Cylinder），那就是K.W. 杰特（K. W. Jeter）的《再见地平线》（*Farewell Horizontal*，1989 年）。也许是受到建筑师弗里德里希·圣·弗洛里安（Friedrich St Florian）1966 年"垂直城市"（Vertical City）方案中设计的 300 层圆柱形高塔群启发，杰特的圆柱大楼达到了难以估计的高度和规模。建筑表面的生机仅维持在云层形成的屏障之上，云端之下是一片未知天地，再往下可能是无底深渊。[45]

小说的主角尼·亚克斯特（Ny Axxter）是一名平面设计师，他决定离开自己在建筑内部一成不变的生活，去进行一场"垂直冒险"，他的计划是在沿途向相互竞争立面统治权的敌对部落售卖他设计的平面图标。亚克斯特骑着一辆以地衣为食的摩托车行驶在高楼外墙上，一路拍摄现场视频，兜售一些猎奇场景。亚克斯特和他的摩托车依靠复杂的钢索、卡扣、特制鞋靴将自己固定在墙上，在吊挂的露营帐篷中休憩。当亚克斯特到达居住于圆柱大楼立面的一个主要部落"浩劫团"（Havoc Mass），一个两千人规模的营地时，他进入了一个完全为垂直墙面打造的建筑世界：

"颜色俗艳的帐篷顶上装饰着飞扬的三角标……众多随机散落的帐篷之间形成了错综复杂的步道、悬空的小径、绳梯和索网。该部落在此驻扎的年代已久，于是在首层帐篷之上又衍生出第二层、第三层帐篷和平台，仿佛在建筑外墙上层层累积的帽贝。"[46]

杰特的小说借鉴二十世纪八十年代和九十年代大量赛博朋克①（cyberpunk）幻想作品中常见的主题，模糊虚实边界，融合高低科技，渲染反文化的"酷炫"气息，将读者带入一个梦幻世界之中。他以出色的坚定信念在小说中淋漓尽致地表现了这

①赛博朋克："赛博朋克"一词由美国作家布鲁斯·贝思克（Bruce Bethke）在他1980年的短篇小说《赛博朋克》中创造，将"控制论"（Cybernetics）与"朋克"（Punk）组合而成。赛博朋克文学有着强烈的反乌托邦和个人主义色彩，通常将视角放在高科技大时代下的底层小人物身上。

个世界的关键设定——人类可以在摩天高楼的外表面生活。[47]

和《再见地平线》令人仿佛身临其境的眩晕感相比，其他一些作品对人类在高楼外表面活动的感受描写得更加务实，其中最为有代表性的可能是电影《碟中谍：幽灵协议》（*Mission Impossible: Ghost Protocol*，2011 年），它采用迪拜哈利法塔作为其中一个动作场面的取景地。在这个场景中，汤姆·克鲁斯（Tom Cruise）身着特制吸盘服，从119 层开始沿哈利法塔表面向上攀爬 11 层，镜头同时聚焦于下方的无底深渊和主角在建筑幕墙上的倒影，加剧了攀爬时的紧张感。相比于小说中提升读者眩晕感的各种写作手法，电影中的场景并没有超越人们对于高楼外部特殊空间的传统认知。杰特小说的真正力量实际上在于它反过来说服了我们前往高楼之外：亚克斯特最终离开室内的安全生活，返身回到圆柱大楼外立面定居，"过去的恐惧和眩晕此时消失无踪"，他已经做好准备去全面探索这片"垂直世界中的空白曲面地带"。[48]

自然

当上海中心大厦（Shanghai Tower）于 2016 年夏天落成时，它不仅是世界第二高楼，而且被宣传为第一座"绿色"极高层建筑，获得了美国最受认可的绿色建筑第三方认证系统——"领先能源与环境设计"（LEED）体系的白金级认证（Platinum）。[49] 上海中心大厦使用可持续能源和节能设备将自己全副武装，比如楼顶安装有两百座风力发电机、雨水收集池、中水回用系统以及用于自然降温和通风的双层幕墙，同时整座大楼的螺旋形体量也模拟了自然界的类似形态。高层建筑自然需要采取策略来满足减少碳足迹①（carbon footprints）的重要规定，但以上这些绿色环保措施却很难对建造极高层建筑时的大量原料生产和组装过程产生深入影响。

伴随着第一代极高楼的建造而来的实际上是对环境史无前例的破坏，这是为了获取建造如此巨构所需的工业建材而进行的采石、挖矿以及加工作业导致的恶果。[50] 有人会说任何城市化进程若达到如此规模，无论是要横向扩展还是纵向攀升，都不可避免会产生这样的破坏作用，但是当世上众多新建高楼中都有很多无人使用或者在某些情况下无人可以使用的"虚荣"空间时[51]，摩天大楼所吹嘘的环保证书更有可能不过是另一种"洗绿"（greenwashing）手段——这是

①碳足迹：指的是个人、组织、活动或产品直接或者间接导致的二氧化碳温室气体排放总量。计算碳足迹是减少碳排放行为的第一步，有助于企业真正了解产品对气候变化的影响，并由此采取措施减少整个生产周期中的碳排放。

上海中心大厦，建成于 2016 年。

一个烟幕弹，用来掩盖极致高楼以其强大象征意义为日益危害环境的资本主义代言的事实。[52]

除了令人怀疑的环保品质之外，为高楼大厦注入"自然"气息或许也是一种软化这些人造物坚硬棱角的方式。二十世纪早期的曼哈顿高楼，无论在虚构还是现实中都被塑造为自然之物。人们将高层建筑联想为向阳而生的参天大树，城市地标高楼常常和名山大川相提并论，而克莱斯勒大厦（Chrysler，1928—1930 年）、帝国大厦（1930—1931 年）和美国无线电公司大楼（RCA Buildings，又名洛克菲勒中心，1931—1934 年）等用动态凝固（arrested motion）手法设计的建筑形式则被比喻为冻结的喷泉。[53] 在弗里斯 1929 年的《明日都市》一书中，摩天大楼变形为巨型水晶，将欧洲表现主义①（Expressionism）中对矿物结晶的迷恋信手拈来，而摩天大楼的高度对比图则清晰展示了人们想象中的高层建筑"自然"谱系。类似的图表仍然是如今超高层和极高层建筑的主流呈现方式，也因此再度强化了自古以来的建筑自然演化发展论调，忽视了不断再攀新高的建造过程本身对环境越来越严重的破坏性。在这些图像中，高楼的自然形象造就了它们越发霸道的视觉形态，甚至掩盖了建造高楼时倾注的那股过于强大的人工力量。

这种演化模式同样也导致了未来主义城市幻想作品中的主流趋势，即将城市的未来景象描绘得比现在更加垂直陡峭，

①表现主义：20 世纪初流行于法国、德国、奥地利、北欧各国和俄罗斯的艺术流派，着重表现内心的情感而忽视形式的摹写，因此往往将现实扭曲和抽象化。建筑中的表现主义往往重视手工技艺的应用，青睐浪漫自然现象的主题，如洞穴、山脉、闪电、水晶和岩层等。

从《大都会》中的巨型高楼到《云图》中新首尔的未来科技高塔，还有《环形使者》（Looper，2012 年）中的堪萨斯城或者《少数派报告》（Minority Report，2002 年）中的华盛顿。这种大型反乌托邦设定或许可以不断强化城市的垂直轴向，将城市的发展塑造为自然的进化过程，而这就好像身处热带丛林，城市因自己的强势而感到窒息，导致不断加剧的社会不公，引发城市体系崩溃的风险。某些推崇高楼的现代主义者另辟蹊径，提出了一种更为积极的新模式以厘清高楼与自然的关系，致力于将自然之物引入建筑，他们为此采取的主要方式就是设计渗透性更强的建筑表皮。这种新模式明确反对表现主义者将自然简化为一种符号的行为，摒弃任何在建造与使用过程中将实体建筑与由阳光和空气组成的无形自然对立的手段。[54]

　　近年来人们越发意识到建筑产业对环境的破坏作用，于是一些建筑师为建造高楼制订了新的设计方针，在处理摩天大楼与自然环境的关系时，将规划策略与象征手法合二为一。马来西亚建筑师杨经文（Ken Yeang）与 T.R. 哈姆扎（T.R. Hamzah）合作进行的建筑实践对绿色摩天楼建筑的发展起到了关键作用。在一系列建成和研究项目以及诸多著述中，杨经文率先对从地处温带的美国将高楼设计引入亚洲热带地区的方式进行了透彻的思考。[55] 杨经文的研究成果是"生物气候"（bioclimatic）建筑，比如他在位于吉隆坡的"双顶屋"（Roof-Roof House，1984 年）中融合多种设计元素，利用自然通风和遮阳系统来减缓当地炎热潮湿气候的影响。[56] 他后来的作品吸收了更加先进的设计手段，比如在同样位于吉隆坡的小型办公楼"梅那拉·梅西尼亚加"塔楼（Menara Mesiniaga）中使用的生态措施包括底层的斜坡地景、中等高度的环形放射状玻璃幕墙、包围着幕墙呈螺旋形排列的遮阳板、空中庭院以及建筑顶层拥有遮阳设施的露台。[57] 杨经文的许多未建成竞赛方案如中国的"重庆大厦"（Chongqing Tower）、伦敦的"象堡站生态大楼"（Elephant and Castle EcoTowers）和新加坡的"热带环保设计大厦"（EDITT Tower）等在规模上都更具野心，在以上各个方案中，建筑师均运用成熟的设计手段强调真正的建筑绿化，也就是通过坡道与露台将植物直接融入建筑之中。

此类绿化设计中目前最令人惊叹的实践是意大利建筑师斯坦法诺·博埃里（Stefano Boeri）的作品，其中最有代表性的是米兰的"垂直森林"项目（Bosco Verticale，2014 年），两座住宅高塔上种植着九百棵树和超过两千棵植物，建筑师还有一个类似项目正在中国南京施工。[58]博埃里打算用这种方式建造整个城市，他认为绿色建筑可以在城市中创造拥有独立生态系统的自然"岛屿"，植物从城市空气中吸收二氧化碳，同时产生氧气来加强这种生态效益，它们还为居民投下阴凉，屏蔽噪声，减缓城市横向无序蔓延的趋势，还像磁石一样吸引着鸟类和其他动植物。[59]虽然博埃里的垂直森林在外形上十分博人眼球，这座被覆盖在植物之下若隐若现的高楼还是由钢筋混凝土等传统材料建造，采用多层楼板堆叠之类同样传统的建造方式。此外，我们对从地上挖取土壤来培育这些绿色高楼所付出的环境代价所知甚少，更不用说将来的维护成本了。现在要说博埃里的高楼植被是另一种掩盖其真实环境代价的"洗绿"手段可能还为时尚早，但可以肯定的是，它与现有的高楼建造模式并没有多大区别。

这样看来，摩天高楼的前瞻设计远甚于现实中的建成方案，关于这一点，设计与建筑杂志《进化》（eVolo）长期举办的摩天大楼竞赛中收到的无数竞赛方案就是一个明证。[60]这项年度赛事开始于 2006 年，现已成为探讨城市纵向密度问题的重要前瞻设计试验场；仅 2009 年，《进化》杂志就收到了来自 36 个国家的

杨经文，热带环保设
计大厦方案，新加坡，
2008 年。

斯坦法诺·博埃里，垂直森林
项目，米兰，2014 年。

489 份投稿，其中只有少数获选方案得以在杂志上发表。[61] 面对如此之多的前瞻设计方案，找到串联各个方案的中心思想已经如此困难，统一的形式语言就更不必说了，不过，从 2006 年至今的大量竞赛方案都不约而同地选择了从生态角度出发，大胆预测近未来的各种可能性。在 2009 年的投稿方案中，一些虚拟高楼变形成为垂直农场（vertical farms），借此将密集型农业和永续农业（permaculture）带回城市，从而解放城郊的土地。[62] 另一些方案表现的则是如何利用前沿科技将高楼立面转化为巨型环境过滤器，通过组装在双层幕墙上的清洁元件系统净化空气和雨水，[63] 或者效法杨经文的设计，满足采光、保温和自然通风的需求。[64] 这些主打生态的设计也常常以吸引眼球的仿生形态出现，无论是"城市雾化器"（Urban Nebulizer）的巨型螺旋结构、[65] "空中花园"（Sky-Terra）的巨大花瓣形高塔，[66] 还是"空中骨架"（Trabeculae）方案模仿的人类肺部结构。[67]

当《进化》杂志 2009 年发表方案之一，林权雄（Kwonwoong Lim）的作品"太空高楼"（Space High-Rise）计划在太空中建造高达 1 000 米的塔楼时，[68] 难怪会有批评的声音认为许多前瞻性高楼设计只是在展示一种"盲目的形式崇拜"，反而忽视了在现实中建造这些结构以及居住其中的方法。[69] 然而即使是竞赛中这些最为天马行空的设计方案，也都建立在切实可行的技术基础之上，而且有些技术已经初步投入实践。比如斯蒂芬·肖（Stefan Shaw）和约翰·邓特（John Dent）的"生态城市"（Bio-City）方案设计了两座高达 1 200 米的仿生结构大楼，它们坐落在英国城市伯明翰的摩托车道交叉口，这个路口因交通混乱而被戏称为"意面立交桥"（Spaghetti Junction）。[70] 高塔的立面包含成千上万的光生物反应器（photo-bioreactor），培育着从阳光和过路车辆排出的大量尾气中获取营养的海藻。海藻将废气转化为生物柴油和液态氢，为建筑和城市交通系统提供能源。这种想象中的光生物反应器立面在此之前实际上已经被应用于一座现实建筑之中，那就是"碎片工厂"建筑事务所（Splitterwerk Architects）和奥雅纳（Arup）结构设计公司在汉堡合作设计的"生物智能住宅"（BIQ House，2014 年）。这说明即使是最为天马行空的方案，我们也不能以不切实际为由轻易否定。[71] 当然，前瞻性设计的强大威力在于能够时刻扩展可能与不可能之间的界限，去打破建筑师在实际工作中需要遵守的各种条条框框，以此来勾勒丰富的可能性，这些可能性并非只是一种预测，而是在孕育多样的未来世界。生态城市等方案还将高楼"表皮"完全重构为某种生命体，混合人造科技与自然法则，避免对建筑的内外空间进行草率的分割。和本书第一章中介绍的 CRAB 工作室浸水都市方案一样，生态城市方案中引入的自然不是为了减轻其人造痕迹，而是为了与之结合，形成一种新的自然环境，让自然与建筑共存，而非对抗。

《进化》摩天大楼建筑竞赛的长盛不衰说明高层建筑一直是一种在世界各地都蕴含强大想象潜力的建筑类型。在全世界眼中，高大的建筑依旧代表着繁荣与富足，仿佛其高度本身就是经济发展的护身符。摩天大楼曾经是，现在也仍然是未来城市构想中不可或缺的存在，以至于在迪拜这样的城市中，未来与现实正日渐紧密地结合在一起。因此，我们亟须结合一切可应用于现实建造过程中的创意手段，对构建垂直城市的方式进行透彻的思考。

如何在当代建筑实践中培养出更多具有更高社会进步意义的高楼设计理念？首先，我们需要向摩天高楼的建筑形态中注入更多历史意义，这种历史意义不单只是一种标签，还能激励我们重新思考摩天大楼的明天。我们尚不清楚人类是否最终能够建成一座像地面城市一样丰富的真正的垂直城市，但像《终点世界》中的刀尖城这样的例子至少展示了这座城市在虚拟世界中的模样，作为现实中潜在

斯蒂芬·肖和约翰·邓特，生态城市计划，2009 年。

未来的一种补充。其次，摩天大楼应当提供更加全面的体验。或许是高层建筑的本质限制了我们身处其中的生活方式，但至少垂直建筑惯于将居民与外界隔离的标准模式应到受到质疑。在研究过大量类似杰特《再见地平线》那样生动描述人类高楼体验的作品之后，我意识到，建筑师和城市规划者本应乐见如此丰富的感受方式，却从未真正张开接纳的怀抱。也许我们还应该为高层建筑加入更加多样化的水平空间，重新连接高楼内外，赋予住户更多自由去创造这种联系。最后，摩天大楼的设计者们必须接受高楼对环境的破坏性，寻求合适的解决方案，而不是用"绿色话术"（green rhetoric）将其掩盖。像肖和邓特的生态城市这样的高楼并没有破坏和背离自然，这或许可以吸引我们推广此类设计，跨越人造物和自然产物之间的隔阂，创造二者的结合体。

这样的转变在目前几乎不可能完成，至少难以在摩天大楼尚与新自由资本主义捆绑在一起时实现。在新自由资本主义的主导下，形式和功能与众不同的高楼更能获得城市居民的青睐，而当高楼置身于我们之间时，看上去好像一座精英阶级的纯洁城堡。人们在"9·11事件"中真切而震撼地感受到了摩天大楼的脆弱，却还未能接受高楼也有其他弱点，只有承认这些弱点，才能重新将这座堡垒和如今与之彻底隔绝的外界相连。然而过去十年我们反而见证了摩天高楼在面临日益严峻的威胁时重新武装与愈加强化的傲慢姿态。人们不禁要问，如何才能扭转这种倒行逆施的顽固态度？我们不用像"9·11事件"中那些满心憎恨的偶像破坏者一样大肆破坏，我们需要的只是高楼回到地面，脚踏实地，或者从地面向上，自下而上地发展。只有这样，我们才能以梦想中的方式居住在高楼大厦之中。

五、

密闭空间：
安全与革命

　　在维多利亚时代的小说《即临之族》（*The Coming Race*，1871 年）中，居住在煤矿地下城里，充满好奇心的故事讲述者发现了一个超人类种族"维利－雅"（Vril-ya）。书中将地下城世界入口描述为"一条宽阔的大道……路边等距排列着类似人造气灯的装置，将目之所及照耀得一片通明"，[72] 作者爱德华·布威－利顿（Edward Bulwer-Lytton）在此直接借鉴了世界上第一条水下隧道：于 1825 年至 1843 年建成的伦敦泰晤士隧道（Thames Tunnel）。[73] 泰晤士隧道被公认为世界现代奇迹之一，迎接过大量追求新奇城市体验的游客参观游览。艺术家埃德蒙·马尔克斯（Edmund Marks）于 1835 年到访此处时，形容有一种"对于宽广地下世界的莫名感受"："我感到一阵惊讶和愉快席卷全身，不得不转过身去背对和我一同游览的朋友，在寂静之中默默哭泣和沉思。"[74] 不过，当新鲜感慢慢褪去，这些强烈的感受也就随之而去，隧道随后并入 1869 年出现的地铁网络之中，从奇迹之地降格为城市的日常空间。

如今世界各地正在推行种种计划，对城市中的废弃地下设施进行重新利用。在伦敦和巴黎，弃置已久的地下管道和地铁站被改造为游泳池、滑板公园或者艺术画廊，重新为城市居民带来新奇感受。[75] 在纽约，曼哈顿下东城（Lower East Side）的一条废弃隧道被宣传为"低线"空间（Lowline），成为城中著名"高线"公园（High Line）的地下版本，高线公园原本是一条废弃的轻轨轨道，近年来经过改造之后变成了一个城市公园。[76] 与此同时，在北京有一百万人口正居住在地下掩体中，他们因大都市带（megalopolis）快速发展造成的土地短缺而被迫迁居于此。[77]如果说《即临之族》的故事结合了虚幻与现实，那么我们现在应该如何想象这些闯入日常生活的地下空间？假设这些功能性设施中有人居住，它们是否会像一个世纪以前对维多利亚时代的作家布威－利顿那样，为我们打开一扇通往异世界的大门？是否又会仅仅因为与现实格格不入而再次被公众遗忘？

即使城市的地下空间越发由排水管道、地铁和火车隧道或者其他市政设施等纯功能性空间主导，这些地方依然像《即临之族》描述中的一样富有想象力。[78] 我们认识到了城市中地下空间的必要性，而且会定期使用这些空间，尤其是地铁和火车隧道。不过可用的地下空间几乎都是交通空间——设计这些空间的目的是让人们快速通过，而非供人居住其中。我们依然对地下冒险充满恐惧和焦虑，而如今类似 2005 年 7 月 7 日发生在伦敦地铁站的恐怖袭击事件再次加剧了这种情绪。

想象中的地下世界有着和地上世界截然不同的内涵。如果说摩天大楼已经上升到了城市视觉中心的地位，那么地下空间仍然充满了黑暗和隐秘的角落。我们在地下空间的活动范围和在高楼之中一样局限，但是限制的方式却完全不一样。不同于它们的空中格子间同类，地下深处的局促空间同时还蕴含着完成颠覆性革命的潜力。地下空间完全隐蔽，与世隔绝，因此也营造了一种牢固而安全的氛围。

　　但是，最近在伦敦超级富豪圈中流行的地下室建造热潮以及日新月异的三维立体军事监测技术[79]说明地下的改革潜力可能轻易沦为精英阶层的另一种控制手段。如何设计我们的地底世界，才能通过挖掘地下空间来充实城市，而非扰乱城中生活？地下世界中层次丰富的历史沉淀或许能够告诉我们在其中建造与居住的方法。

穹顶

    幽深密闭的人居环境可谓历史悠久，或许可以追溯到人类起源时在洞穴中打造的家园。然而用人造保护罩遮蔽整个城市的愿望直到十九世纪方才出现，因为使用铸铁和玻璃的新兴建造技术证明了这种做法确实可行。因此无论是法国社会活动家、思想家夏尔·傅里叶（Charles Fourier）设想中十九世纪二十年代自给自足的乌托邦社区，还是约瑟夫·帕克斯顿（Joseph Paxton）于十九世纪五十年代提出的环绕伦敦的巨型拱廊，本质上都是已有结构的放大版本，比如十九世纪初以来巴黎和伦敦建造的铸铁玻璃拱廊。[80] 就在同一时期，大型铸铁玻璃结构的建设蒸蒸日上，或作为温室陈列异域植物，或作为展馆举办国际展览，这一风潮自帕克斯顿 1851 年在伦敦建造的水晶宫而始。[81] 铸铁和玻璃的应用帮助建筑师和工程师开发出兼顾空前尺度和透明性的室内空间：水晶宫的第一批参观者在这两种材料所创造的巨大封闭空间中体验到明亮轻盈之感，为此而大感敬畏。[82] 在查尔斯·狄更斯创办的杂志《家常话》（*Household Words*）中，一位匿名作者称水晶宫是"一座奇妙的建筑，因巨大而崇高，因简洁而美丽"[83]；而在德国参观者罗塔·布赫（Lothar Bucher）眼中，它仿佛超越了常规的建筑体验："视线不再从一堵墙移向另一堵墙，而是一下子扫过无数层景象，直到它们逐渐消失在视野之外。我们无法辨别这座建筑是否覆盖于头顶上空成百或上千英尺处。"[84]

    铸铁玻璃建筑的发展和地下原料的开采活动保持着齐头并进的速度，特别是煤炭的开采为生产铸铁提供了原料。于是十九世纪对煤矿的开发和居住在推广人造密闭空间方面起到了和铸铁玻璃建筑同样重要的作用。[85] 如果说地上的铸铁玻璃建筑和地下的煤矿这两种密闭世界在空间品质上有着云泥之别，它们彼此之间依旧息息相关：二者均设想了一种新的居住空间层次，也就是说，无论上方是密封的玻璃外壳还是掩体墙壁，两种形式都形成了某种"密闭空间"（subterranean）。

　　尽管十九世纪的铸铁玻璃建筑野心勃勃，规模宏大，但其覆盖整个城市的梦想始终未能实现，大多受限于昂贵的建造费用而止步不前。关于人造城市环境的设想直到二十世纪六十年代才再次浮上水面，那个时代见证了全球环保意识的觉醒。在 1968 年美国阿波罗八号（Apollo 8）发布第一张从太空中拍摄的地球照片时，人类看到了我们这颗星球的柔弱渺小——它那维持生命所需的脆弱大气层被外太空的恶劣真空从四面八方团团围住。[86] 随着人们越来越清醒地意识到杀虫剂污染、人口增长和资本主义剥削等问题对于地球生态系统的威胁，越发高涨的地球脆弱意识导致了一种对于封闭的迷恋。[87] 建筑评论家道格拉斯·墨菲（Douglas Murphy）认为，纵观二十世纪六十年代到七十年代：

　　"关于穹顶或气泡之类球形空间的概念一再出现，象征着地球作为一个渺小脆弱球体的新形象……而其中一些人的诉求是扩大室内庇护空间，从而覆盖生活的更多需求。"[88]

　　这一时期出现了大量笼罩在各种保护罩下的新城市社区方案。其中包括巴克敏斯特·富勒开发的生态网格穹顶（geodesic bio-domes）系统，以他为 1967 年蒙特利尔世博会（International and Universal Exposition）而建的 76 米直径生态球（Bio-sphere）最为壮观。穹顶中无数等边三角形轻质钢管相互连接而成的网格覆盖着一座七层楼的展馆，展示了这种脆弱围合结构的独特美感。[89] 世博会中同时还有建筑师弗赖·奥托（Frei Otto）设计的德国馆（German pavilion），聚酯纤维（polyester）薄膜制成的巨大半透明顶棚由钢索锚固在地面上。顶棚连

网格穹顶，坠落城，科罗拉多，约 1970 年。

绵不断的弯曲抛物线轮廓营造了戏剧化的空间效果，被视为可以迅速并灵活满足人类需求的新型人道主义建筑（humanitarian architecture）雏形。[90]

　　美国二十世纪六十年代晚期的环境保护运动也促生了新型的反文化社区，比如成立于 1966 年的坠落城（Drop City）。这个社区将富勒的网格穹顶技术在日常尺度的房屋中付诸实践，坠落城中随意拼凑的穹顶结构之所以能够建成，依靠的是推广 DIY 文化的刊物，比如斯图尔特·布兰特（Stewart Brand）的《全球概览》（*Whole Earth Catalog*，1968 年）和史蒂夫·贝尔（Steve Baer）从 1970 年开始制作的《穹顶手册》（*Dome Cookbook*）系列。[91] 坠落城的穹顶建设基于新型超轻结构技术，这项技术以减少在地球上的生态足迹为目标，同时也是宇宙中万物之间相互联系的有力象征。[92] 穹顶的网格结构由无数结构单元以复杂的方式互相连接而成，其技术和形态均吻合了反文化生活方式对于"圆满"的基本追求。在六十年代的反文化者眼中，穹顶和圆满二者的精神内涵不言而喻：在一个圆形的房子里，一切看上去是如此和谐——地与天相接，人类与宇宙相通。[93] 然而坠落城很快就开始解体，它最初的社会凝聚力被越来越多药物成瘾、不务正业的流动人口稀释，而且未能抵抗住长期的资金短缺造成的破坏。到了二十世纪七十年代早期，坠落城的大部分穹顶处于长期闲置或者年久失修的状态。[94]

七十年代以坠落城为代表的另类社区纷纷宣告失败，催生了弥漫于那个时代的幻灭感与悲观情绪。在那个年代关于闭合城市（enclosed cities）的幻想中，穹顶所代表的不再是宇宙互联或者生态意识，而是人身监禁和社会萧条。迈克尔·安德森（Michael Anderson）1976 年的电影《拦截时空禁区》（*Logan's Run*）将故事背景设定于 2274 年，基于威廉·诺兰（William Nolan）和乔治·克莱顿·约翰逊（George Clayton Johnson）写于 1967 年的小说改编，影片中人们建造了一座巨大的穹顶城市（domed city）来接纳过去居住在华盛顿的居民，此时的华盛顿城已经沦为一座废墟。[95] 这座表面上的乌托邦之城为居民提供了放纵无度的享乐主义（hedonism）生活，却在每位居民年满三十岁时采取残酷的手段为其行死亡之礼，以此来控制城中人口密度。《拦截时空禁区》中的穹顶城市融合了当时对于人口过剩的恐惧以及对二十世纪六十年代反文化价值观的嘲讽，创造了一个无比贫瘠的城市，镇压着一切反叛行为。城市中的一名警察，也就是电影片英文原名中的"罗根"（Logan），为反抗命中注定的死亡，和他的女朋友一起逃离了城市，逃往那个已废弃却肥沃的昔日首都寻找自由。

闭合城市中明显的反乌托邦设想来源于早期科幻文学传统中描写的人们对于科技，尤其是对于威胁人类自由的工业技术的轻信。早在 1909 年 E.M. 福斯特（E. M. Forster）的短篇小说《大机器停止》（*The Machine Stops*）中，一个坐落于地下而非穹顶之中的幽闭未来城市最终导致其居民不仅和地表世界隔绝，也和彼此，甚至和自己的身体产生了隔阂。[96] 在福斯特的闭合城市中，人类的身体萎缩为"一团肉泥"，大多数居民从未离开自己的房间，仅仅通过手持设备相互沟通，这些设备正像是平板电脑或手机的雏形。维持城市运行的机器最终骤然停止，这导致了城市的彻底毁灭，唯一的幸存者是一名发现了前往地表绿色世界方法的反叛者。亚瑟·C. 克拉克（Arthur C. Clarke）在《城市与群星》（*The City and the Stars*，1956 年）中想象的城市"狄亚斯帕"（Diaspar）少了一些末世氛围，但依旧消极悲观——这是一个拥有一千万人口的大都市带，在太空中岿然不动地生存了数百万年，此时周边行星已经大多数屈服于熵力[①]（forces of entropy）的作用而退化为荒芜的沙漠。[97] 狄亚斯帕受到位于城市地下的全能超级电脑"记忆银行"（Memory Banks）和一个包围整个城市的环境过滤器的保护，其实它们都只是某个人类种族懦弱的产物，他们贪恋完美的庇护之所，拒绝面对外面的世界。小说的最后，这座城市一成不变的秩序在反叛者阿尔文（Alvin）面前土崩瓦解，他找到了一条出走的道路，领导着一场沉默的革命，向丰富多彩的外部世界张开了双臂。

　　即使是在悲观的战后时期，穹顶世界依然有着自相矛盾

①熵力：熵的概念最早由德国物理学家鲁道夫·克劳修斯（Rudolf Clausius）于 1855 年提出，用于对热力学第二定律进行表述。熵表示的是能量在空间中分布的均匀程度，均匀度越高，熵就越大，熵最大时系统达到热力学平衡，所以宇宙总是向着熵增大的方向发展。从微观分子的角度看，熵就表征了这个系统的混乱程度。而一个系统中熵增的趋势可以形象地体现为推动事物向熵增方向发展的力量，也就是所谓的"熵力"，比如弹力或气体压力等。

的含义。在艾萨克·阿西莫夫（Isaac Asimov）1953 年的小说《钢穴》（*The Caves of Steel*）中，地球上的八百座城市尽数迁入地底深处，每座城市都是一个"半自治的城市单位，但经济上完全自给自足。在一个自成一体，由钢筋水泥铸造而成的巨大钢穴中，它们或扎根一处，或散布各方，或埋藏其下"[98]。小说中未来的纽约地下城和附近由所谓"太空人"（Spacers）定居的穹顶基地形成了对比。"太空人"是星际殖民者，试图说服城市"穴居者"（troglodytes）参加他们的太空考察活动。[99] 此处穹顶再次象征着宇宙互联、轻松的地表生活和促进社会演变的科技力量。

和《钢穴》类似，巴克敏斯特·富勒和召吉·沙岛于 1960 年提出在曼哈顿中城上空笼罩一个直径 3 000 米的穹顶结构，这一方案可以视为对"挖掘地下空间换取安全庇护"观念的抵制，同时也以环保为主要目的，通过切断城市与外界的联系创造穹顶之内的自由。[100] 富勒以经济和环保作为方案的依据：他的穹顶可以减少城中高楼供暖和制冷所需的能耗，确保"与外界源源不断的联系"，又无须忍受"气候变化、高温、灰尘、蚊虫和眩光带来的不快"，即使如此，他的设想仍然带有强烈的技术决定论（technological determinism）气息，为了简化控制环境的过程而通过抑制手段降低人类和非人类生态系统的复杂性。[101] 小说家弗雷德里克·波尔（Frederik Pohl）为他的小说《城市年代》（*The Years of the City*，1984 年）中的未来纽约设计了一个类似的穹顶修建计划，双子穹顶"气泡"（blisters）因城中日益严重的阶级分化和暴力泥潭而于城市上空升起，反映着二十世纪八十年代早期纽约城的高涨犯罪率所引起的恐慌。[102] 在波尔眼中，穹顶并非要创造一片伊甸园式的净土，而是要建造与城市共存的结构，这个混乱的城市被相互对抗的政治和经济利益拉扯撕裂，穹顶试图转身回避保全自己，结果

理查德·巴克敏斯特·富勒和召吉·沙岛，曼哈顿中城上空的 3 000 米直径穹顶方案，1960 年。

却以失败告终。

从 1991 年开始的生态圈二号计划（Biosphere 2 project）将波尔的设想以大幅缩小的规模付诸实践。生物圈二号是反文化代表人物、美国生态学家和工程师约翰·艾伦（John Allen）的思想结晶，由艾伦的"太空生物圈探险公司"（Space Biospheres Ventures）建设。为了展示人类与自然之间的关系是否能够多些深思熟虑，少些剑拔弩张，生物圈二号由一系列占地 1.2 公顷的穹顶组成，这是有史以来最大的全封闭居住区。八名参与者在生物圈二号内居住了两年，以测试人类是否能在完全封闭的生态系统中生存发展，整个隔离过程杜绝了生物圈和外界之间的食物、固废、空气或水体交换。[103] 实验从一开始就陷入了严重的困境，内部氧气逐渐流失，食物供给勉强可以糊口，项目最终因参与者之间缺乏合作而宣告失败，说明穹顶城市实践之路上的最大阻碍可能是城市中的居民自己。第二队参与者于 1994 年入驻生物圈二号，由于两名队员打开了气闸进行破坏活动，第二期项目仅仅维持了不到半年时间。[104]

生物圈二号计划的彻底失败无法阻止人们继续执着地建设闭合城市环境。伦敦的"千禧巨蛋"（Millennium Dome，1999 年）、康沃尔郡的"伊甸园计划"（the Eden Project，2000—2001 年）和设计于 2016 年的西雅图谷歌新总部纷纷借鉴了穹顶所蕴含的联结、富饶和创意的意象，这实际上延续了源自二十世纪六十年代的乐观主义潮流。[105] 然而在近年来的穹顶世界复兴运动中，坠落城等早期项目与生俱来的强烈社会意义已经让位于将穹顶视为休闲、消费场所或者企业运营专属场地的肤浅看法。[106] 近期设计方案的主要趋势是在如今面临全球变暖威胁的世界中建造独立的气候控制小区域，其中最醒目的可能是迪拜提出的"阳光山滑雪穹顶"（Sunny Mountain Ski Dome）方案（2008 年金融危机后处于暂

美国 CBS 电视台连续剧《穹顶之下》。

停状态）和之后长达 7 000 米的步行街设计，方案中的街道上方覆有可伸缩穹顶装置。[107] 将来在迪拜这样的沙漠城市中，气候控制区以外的地方或许都将变成不毛之地。简而言之，城市上空的穹顶释放着"外人不得入内"的信号，无论将设计理念描述得多么先进，我们都很难回避这个问题。[108] 近年来大众媒体中频频上演各种穹顶世界奇观，有电影《饥饿游戏》（*The Hunger Games*，2012 年）中的同名场地，《楚门的世界》（*The Truman Show*，1998 年）中举办真人秀的穹顶世界，还有美剧《穹顶之下》（*Under the Dome*，2013—2015 年）中来自外星人的可怕干扰装置，这些设定继承了反乌托邦的传统，描绘着闭合世界中恶化的社会关系以及那些与之抗衡的力量。

不过，关于穹顶、泡泡和球体的意象在一些人眼中还象征着生命之间的脆弱联系，此处可以将建筑环境和人类生活看作一个实体与精神相互联通的圈子。[109]第三章中对于艺术家暨建筑师托马斯·萨拉切诺作品的探讨表明，艺术家所创造的透明球体和网格穹顶等闭合环境可以为居住者与外界建立联系。而透明穹顶的人造属性也提醒着我们，大家眼中头顶的无垠天空本质上却是有限的物质。文化史学家罗莎琳德·威廉斯（Rosalind Williams）认为，实际上"我们一直居住于外壳之下，浸没于大气汪洋之中，生活在一个封闭有限的环境里"。[110]实话实说，穹顶并非将我们与现实隔离开来，而是象征着我们身为陆地生物所受到的现实局限。马特西斯设计工作室（Matsys Design）从 2009 年开始进行的"内华达聚落"计划（Sietch Nevada project）用更加乐观的方式将穹顶结构表现为一种脆弱的庇护设施。[111]根据建筑师的解释，方案灵感来自弗兰克·赫伯特（Frank Herbert）的小说《沙丘》（*Dune*，1965 年）中幻想的建造在沙漠星球中的地下住宅。内华达聚落设想了一个面临淡水资源短缺问题的未来世界，为了解决这一难题，方案打通地表上下，想象了一座蜂巢状的绿色地下城，城市上空覆盖着可伸缩穹顶天棚。为了维持未来城市的基本运行，穹顶被设计成收集、储存和利用雨水的装置，它接纳并应对着人类在受到气候变化长远影响时展现的脆弱本质。内华达聚落坚决反对迪拜提出的专属奢华穹顶世界设计，方案中提倡的高密度的地下社区同时也与地表世界保持着紧密联系。

马特西斯设计工作室，内华达聚落计划，2009 年。

地堡

穹顶之城联系着地表上下的两个世界。当城市环境整体转移至地下时，它们换作另一种城市形式，成为一座地堡之城（bunker city）。某些个人或群体渴望退居隐秘之地与世隔绝，而地下世界刚好为此提供了一个绝佳场所，地堡因此成了这种隐世愿望的化身。[112] 虽然地堡这种建筑形式直到二十世纪才真正出现，但地下安全居住空间的建造历史可以追溯至很久以前，其中最著名的案例有卡帕多西亚（Cappadocia）的地下城市和基督教堂，它们位于今天的土耳其境内，但从罗马帝国时期便开始挖掘，当时基督教徒还是一个饱受迫害的少数族群。[113] 二十世纪地堡的不同之处在于它们是迫于先进战争技术的威胁而建造，其中最有名的是第二次世界大战期间降临城市上空的大规模空袭和冷战时期的恐怖核武器。地堡在二战期间兴建于大陆各处，其中包括纳粹建造的巨型大西洋壁垒（Atlantic Wall），还有遍布于西欧沿海地区的大大小小约一万五千座用混凝土或其他材料建成的堡垒，从法国南部延伸至挪威最北端。[114] 二十世纪五十年代和六十年代，人们出于对核战的恐惧在全球各主要城市建造了具有军事和民用用途的深层地堡，其中许多作为时代遗迹留存至今，有一些甚至成了旅游景点，另一些地堡里面则居住着城市贫民，比如前文中提到的案例。[115] 这些掩体大多由军事工程师设计和建造，偶尔会有些建筑师的作品，比如奥斯卡·纽曼（Oscar Newman）1969年的一件未建成作品，方案深入城市岩床之下建造了一座曼哈顿的球形复制品，令人感到讽刺的是，这座洞穴状的地下空间需要利用可控核爆炸反应（controlled nuclear blasts）来清理场地。[116] 如果说第二次世界大战中的地堡大多数是士兵和其他军事人员在居住，那么冷战时期的地堡则被设计为理想的"求生机器"，为成千上万人提供住宿，这些人一般是在核战后数十年甚至上百年间重建文明社会所需的军队或社会精英。[117]

幸好目前为止世界还未爆发大规模核冲突，这些深层地堡中人满为患的情节还停留在虚构中。不过科幻作品已经向我们展示地下核掩体中的生活。在莫迪凯·罗什瓦尔德（Mordecai Roshwald）的《地下第七层》（Level 7，1959 年）和电视电影《火线》（Threads，1984 年）等以冷战时期地堡为背景的科幻作品中，地堡综合体看上去完全无法胜任在核战之后保护人类生命的任务。在《地下第七层》中，全球核战争导致数百万美国人迁入庞大的地下掩体之中，从浅层民用地堡一直延伸到书名中的"地下第七层"——一个位于地下 1341 米的高级军事掩体。故事的叙述者是摁下毁灭性核武器启动按钮的发起者之一，代号 X-127 的神秘人物，书中描述的是他在封闭地下世界的个人经历。刚开始，他心怀一种远离人群的安全感："仿佛全知全能的神，和其他人类切断了联系，但又对他们的一切无所不知。"[118] 但是随着楼上各层逐渐受到放射性污染，他开始感受到自身的脆弱渺小。小说漠然结束于 X-127 本人死于放射性疾病之时，他似乎是地球上下最后一个幸存的人类。

冷战地堡幻想故事倾向于采用极度悲观的论调，这是为了表达观点，正面挑战那些自负核冲突可以被控制，人类可以幸免于难的傲慢之人。在此之后的一些虚构地堡中，由于 1991 年苏联解体带来的文化和政治变革，核战危机的主题逐渐退居幕后。与此同时，地下建筑中的社会关系成了话题中心。于是，在休·豪伊（Hugh Howey）的"地堡"（Silo）三部曲《羊毛战记》（Wool，2011—2012 年）、《星移记》（Shift，2013 年）和《尘埃记》（Dust，2014 年）中，无数地下筒仓中居住着整个世界的人口，每个筒仓地堡都向地底延伸 144 层。虽然第二部小说《星移记》中提到这个地下世界是核冲突灾难的产物，但"地堡"三部曲，尤其是第一部《羊毛战记》重点关注的还是地下社会生活的组织形态。豪伊聪明地反转了关于城市社会阶层的传统观念，书中特意让工程师和维修人员这些为地堡发掘必需原料的地下社会最高阶层居住于地下筒仓的最底部。如《羊毛战记》的女主角，深层住宅（depth-dwelling）工程师祖儿（Juliette）所言：

"在她看来，关于外部世界的禁忌之梦是空洞而可悲的。梦想已死。崇拜外部世界的上层居民把一切都搞反了——未来的希望在下方。地下有石油为他们提供动力，有矿产用于制造一切可用之物，有氮源为农场翻新土壤。"[119]

维持地堡运行的代价不菲：任何离开的念想都是禁忌，打破禁忌者将被送到筒仓之外处死，在此之前，他们被迫执行清洁地表传感器的仪式，传感器向地下居民展现了一个荒无人烟、饱受毒害的地表世界。

和近年来的其他地下世界幻想作品一样，《羊毛战记》发生于远未来时代，大约是公元 2345 年，距筒仓地堡建成已有三百年之久，类似作品还有青少年小说《微光城市》（City of Ember，2003 年）和根据小说于 2008 年改编的电影。[120] 在这样的时间设定之下，地下城的具体建造原因以及作用可以忽略不计，但故事并不会因此远离我们所关注的当代议题。正好相反，它反映了如今我们越发普遍的忧虑，担心受到某些权贵阶层的监禁和管控。在《羊毛战记》中，监狱般的城市之所以如此长寿，正是少数精英残酷统治的结果，这也许呼应了在这个全球资本主义时代中财富越发集中于少数人手中的趋势。

电影中的地堡城市设想关注的主要是孤独的个体或一小群人努力逃离监狱之城的经历，末日核战（nuclear Armageddon）反而不是必要背景。乔治·卢卡

斯（George Lucas）的著名处女作电影《五百年后》（*THX* 1138，1971 年）随着代号 THX1138 的无名男主角离开他所居住的地下城的斗争过程而展开。在消费资本主义（consumer capitalism）主宰的二十五世纪未来世界，剃着光头的男主在无处不在的电脑监控系统和邪恶的机器人警察控制下，像机器人一样浑然不觉地遭受奴役。而在弗里茨·朗（Fritz Lang）的电影《大都会》（*Metropolis*）的描绘中，这些工人被剥夺人性的同时还受到严格管控，他们的情绪在各种药物的作用下维持着稳定状态。值得一提的是这部电影的场景设计，用明亮的白色空间和高效的交通网络刻画出一座光鲜、时髦的地下都市，而且镜头全程聚焦在商场般的多层空间网络中不断移动的人体之上。回到《五百年后》这部电影，THX1138 终于驾驶一辆偷来的汽车穿越了数千米长的隧道，顺着管井爬上地面，来到了地表世界。电影行至尾声，画面中夕阳西下，最终将他的身体定格为一道剪影。

电影《孩子与狗》（*A Boy and His Dog*，1975 年）、《堤》（*La Jetée*，

1962 年）和它的借鉴之作《十二猴子》（12 *Monkeys*，1995 年）以及《微光城市》中的地下之城同样形同监狱。《孩子与狗》改编自哈兰·艾里森（Harlan Ellison）发表于 1969 年的一篇短篇小说，在一场核战之后，一部分保守的美国民众选择了地下生活，被称为"地底人"（downunders），支撑着环境逐渐恶化中的地上世界；地面上居住着以粗暴的年轻男子为主的自由主义者，得名"漫游者"（roverpaks）。无论小说还是电影，剧情的重点都是其中一个漫游者维克（Vic）和他懂得心灵感应的小狗布拉德（Blood）之间的故事。[121] 为了扩充城市有限的基因池，一名来自地下世界的性感女子将维克引诱至地底之城"托佩卡"（Topeka），面对"方正古板"的地下生活，他表现得像每一个二十世纪六十年代的反文化少年一样，对一排排"整齐的小房子、曲折的街道和修整过的草坪"大肆嘲笑，嗤之以鼻，而地下世界的种种景观无不诉说着对二十世纪五十年代美国城郊生活的怀念之情。[122]《孩子与狗》让我们看到，即使是在最糟糕的末日环境下，牢笼中的生活也可能并非出于强迫，而是一种选择，在一类人眼中这是牢笼，对另一类人而言或许是天堂。

地堡城市总想用监狱般的禁闭空间象征社会发展的死胡同，而所谓的"深层大楼"（depthscrapers）则设计了体验更加友好的地下居住空间——这一概念最早于 1931 年出现在《每日科学和机械》（*Everyday Science and Mechanics*）杂志的插画中，描绘着针对日本设计的一座可以防御地震灾害的倒置高楼（inverted skyscraper）。[123] 之后的一些案例则是利用倒置高楼来节约高速发展的城市中宝贵的土地，比如马来西亚建筑师杨经文的各种设计[124] 以及 BNKR 建筑事务所（BNKR Arquitectura）于 2011 年规划的一座地下高楼，位于墨西哥城最古老的区域宪法广场（Zócalo）地下。[125] 这座倒立的金字塔有

•"Depthscrapers" Defy Earthquakes•

THE "Land of the Rising Sun" (Japan) is subject to earthquakes of distressing violence at times; and the concentration into small areas of increasing city populations invites great destruction, such as that of the Tokio earthquake of 1923, unprecedented in magnitude of property loss, as well as life.

It was natural, then, that the best engineering brains of Japan should be devoted to the solution of the problem of building earthquake-proof structures; and a clue was given them by the interesting fact that tunnels and subterranean structures suffer less in seismic tremors than edifices on the surface of the ground, where the vibration is unchecked.

The result of research, into the phenomenon explained above, has been the design of the enormous structure illustrated, in cross-section, at the left—the proposed "Depthscraper," whose frame resembles that of a 35-story skyscraper of the type familiar in American large cities; but which is built in a mammoth excavation beneath the ground. Only a single story protrudes above the surface; furnishing access to the numerous elevators; housing the ventilating shafts, etc.; and carrying the lighting arrangements which will be explained later. The Depthscraper is cylindrical; its massive wall of armored concrete being strongest in this shape, as well as most economical of material. The whole structure, therefore, in case of an earthquake, will vibrate together, resisting any crushing strain. As in standard skyscraper practice, the frame is of steel, supporting the floors and inner walls.

Fresh air, pumped from the surface and properly conditioned, will maintain a regular circulation throughout the building, in which each suite will have its own ventilators. The building will be lighted, during daylight hours, from its great central shaft, or well, which is to be 75 feet in diameter. Prismatic glass in the windows, opening on the shaft, will distribute the light evenly throughout each suite, regardless of the hour.

Making the Most of Sunlight

In order to intensify the degree of daylight received, a large reflecting mirror will be mounted above the open court, and direct the sun-

(Continued on page 708)

为东京设计的深层大楼，《每日科学和机械》杂志 插 图，1931年 11 月。

十层楼深，包括住宅、商店和办公室，目的是以不破坏地表城市风貌为前提，在敏感的历史街区创造高密度的居住空间。高楼顶部覆盖着一块巨大的玻璃地板来引入自然光线，这块地面也会丰富它所在的公共广场，向人们展示地底世界的奇景。就在同一年，建筑师马修·弗朗伯鲁蒂（Matthew Fromboluti）提出重新设计美国亚利桑那州城市比斯比的废弃矿场，将其打造为一座"地幔大厦"（mantlescraper）——一座完全自给自足的地底城市，其中包括一片利用自然光种植的庄稼地。[126]

这些设计有意从上空引入自然光线，以此减少地下世界的阴暗特质，从而"消解上下之间的差距，令一切变得更加有趣"，也就是使用更加细致的手段应对城市各层不同的物质条件和精神内涵。[127] 艾瑞克·中岛（Eric Nakajima）在2014年《进化》高楼竞赛中获得荣誉提名的"液化大楼"（Liquefactower）方案在这方面更加特立独行。[128] 为了适应新西兰基督城因地震频繁而极不稳定的土壤状况，这座倒置的高塔将在土地液化之时建造，在液化过程中缓缓沉入地底，城市随之扩张规模，并且在下沉时汲取地热能量。液化大楼方案在设计中考虑到了地底环境中的不同物质条件，证明地堡城市并非总是死气沉沉，也并非命中注定走向社会发展的末路。

LIQUEFACTOWER
The Sinking City

艾瑞克·中岛，液化大楼方案，
2014 年。

革命

如果说想象中的未来穹顶和地堡城市均以安全保障为重，赖以抵御实际或假想中的外在威胁，那么我们也可以将密闭空间视为革命之地。即使罗马帝国晚期建造的卡帕多西亚地下城完全是为了躲避宗教迫害，而基督教徒之所以被驱赶至此，也是因为他们本身被视作一种威胁——这群有着危险思想的人破坏了罗马城稳定的社会秩序。一旦藏身于安全的地下空间，那些革命性的想法便能摆脱地表世界的束缚，继续酝酿发酵。

最广为人知的地下革命空间或许是巴黎地下的采石场（quarries，法语：carrières）。[129] 巴黎有超过 285 千米的废弃采石场，其中一些已经改造为公共纳骨堂或者地下墓穴。这些采石场在十八世纪末成为起义者的藏身之处，经历了 1832 年和 1848 年的革命，以及 1870 年的暴动，直至巴黎公社（Paris Commune）宣告成立。[130] 这些真实事件激发了很多关于采石场的想象，后者作为破坏性运动的背景出现在埃利·贝尔泰（Élie Berthet）的《巴黎地下墓穴》（*Les Catacombes de Paris*，1854 年）、亚历山大·仲马（Alexandre Dumas）的《巴黎的莫西干人》（*Les Mohicans de Paris*，1854—1859 年）以及维克多·雨果（Victor Hugo）最负盛名的《巴黎圣母院》（*Notre-Dame de Paris*，1831 年）等小说中。[131] 在《巴黎圣母院》中，地下空间与革命的关系体现得淋漓尽致。提到点燃 1832 年那场革命的力量时，雨果写道，在人类社会的表象之下隐藏着众多富有象征意义的矿藏：

"有宗教之矿、哲学之矿、政治之矿、经济之矿、革命之矿，一人带着想法挖掘，另一人带着算计挖掘，还有一人带着怒火挖掘。"

　　在安全的地下深处，危险的想法不断酝酿，"蜂拥而至"，直到最后，它们做好了准备，带着巨大的破坏威力破土而出。¹³² 雨果借用了火山、恶疾、地雷甚至原始潜意识等诸多意象，将地下空间形容为一个充满力量的场所，在这里，新鲜而危险的思想可以自由发展，直到准备好挑战一切根深蒂固的成规。

　　巴黎这座城市以政治和社会长期动荡为特色，难怪它的地下空间会成为幻想世界中动乱发生的主要场景。到了二十世纪，1968 年爆发的"五月风暴"①（May 1968 événements）将这个城市再次推上了风口浪尖，这是自 1870 年以来巴黎出现的第一次持续性革命热潮。由激进艺术家和作家组成的革命团体"情境主义国际"②（Situationist International）以"道路的石块底下是沙滩"（the beach beneath the street）为团结的口号，借用雨果的巴黎地下空间意象，将革命意识形态融合于城市的实体空间中。¹³³ 讽刺喜剧电影《洞群》（Les Gaspards，1974 年）以更幽默的基调将采石场想象为"不合时宜者、怪胎和浪漫主义者的反文化乐园，安全又富有营养"，直到它们被迫与头顶之上的世界为敌。在电影中，这种对抗主要发生在城市的中央市场"巴黎大堂"（Les Halles）被重新开发，转型为地下商场和车站之时。¹³⁴

　　地下世界和反叛行为的联系也成了某些未来城市设想的

①五月风暴：对戴高乐统治下法国堕落的社会和专制的官僚主义表示愤怒的学生于 1968 年 5 月发起了一场名为"五月风暴"的抗议活动，随后发展为一场波及全社会的风潮。"五月风暴"没有立刻取得具体的政治成果，但让法国的政治、社会空间更加宽松，民主参与意识加强。

②情境主义国际：一个以法国哲学家居伊·德波（Guy Debord）为代表人物，活跃于 20 世纪中后期欧洲的左翼国际组织，试图在日常生活的情境中进行艺术创作，批判资本主义利用作秀来进行统治的"景观社会"。情境主义在"五月风暴"中获得了极高的声誉，运动中的标语"道路的石块底下是沙滩"意指代表资本和消费的城市街道可以通过日常行为重新发现和颠覆，揭示出道路表象之下的"沙滩"。

特征，包括弗里茨·朗《大都会》（1927 年）中的地下工人阶级城市，卑微的反叛者最终推翻了高楼中压迫者居高临下的统治，革命由此全面爆发。《大都会》大量借鉴了 H.G. 威尔斯早期的未来城市小说，它们均以极端的社会分化为主要特点。比如，《时间机器》（1895 年）将威尔斯在维多利亚时代晚期的伦敦所目睹的日益加剧的贫富差距代入到遥远的将来。在这个遥不可及的未来世界里，时间旅行者发现世界彻底一分为二，形成了地上世界中孩童一般无忧无虑的埃洛伊人（Eloi），还有地底世界中形同怪兽的工人莫洛克人（Morlocks），如今莫洛克人以自己的人类远亲埃洛伊人为食。与此类似，在威尔斯的《昏睡百年》（1910 年）中，故事的讲述者发现近未来伦敦中的地底工人世界是一个肮脏残酷的地下基地，支撑着看似壮观的地表乌托邦世界。在以上所有小说中，城市的地下空间借用维克多·雨果将地底视为真理之地的观念，成为批判现实的武器。[135] 此处揭示真理的关键在于重新沟通地表上下的世界，而为了加深对真理的理解，我们经常要以整个社会系统的颠覆和破坏为代价。

尼尔·盖曼（Neil Gaiman）在《乌有乡》（Neverwhere）中创造的地下世界多了一丝温情，少了一些险恶，故事最早于 1996 年以英国广播公司（BBC）电视剧的形式播放，同年小说出版。[136]《乌有乡》设想了一整个伦敦地下奇幻世界，描写的是"上伦敦"（London Above）普通居民理查德·梅休（Richard Mayhew）的历险记：他在遇到"下伦敦"（London Below）居民朵儿（Door）之后，便从日常世界中"消失"了。经过上下穿梭于伦敦的一系列冒险经历之后，梅休杀死了一只出没于他梦境中的凶猛野兽，故事在此达到高潮，一个常人难以得见的另类伦敦完全展现在他面前——这是一个跨越真实与虚幻的世界。贯穿小说全篇的是老贝里街（Old Bailey）、伊斯灵顿的天使区（The Angel, Islington）

和黑衣修士区（Blackfriars）等熟悉的伦敦地名，它们被重新塑造为神话人物，大多拥有渗透在尘世之中的魔力。在《乌有乡》中存在着连接上下伦敦的方法，但唯有那些普通的上伦敦居民看不见的人物才能办到。这既隐喻着社会中那些像流浪者一样情愿被人忽视的"透明人"，又呼唤着人们跳出自己的固有偏见，以全新的眼光看待这个城市。作者有意让"理查德·梅休"继承了记录十九世纪中期伦敦下层社会百态的杰出人物亨利·梅休（Henry Mayhew）的姓氏，后者在最终名为《伦敦劳工与伦敦贫户》（*London Labour and the London Poor*，1851 年）一书结集出版的系列文章中调查了伦敦最底层贫民的生存状况。[137] 在《乌有乡》的奇幻旅途中，主角和他维多利亚时代的同名者一样颠覆了自己的认知，这是一场个人感受的颠覆，但其冲击力不亚于巴黎底层世界里酝酿着的集体破坏之力。在小说的最后，理查德彻底放弃了自己循规蹈矩的生活，踏入现实伦敦墙上的魔洞，回到地下世界的迷人黑暗中。[138]

《乌有乡》所展示的未来愿景，是要借助想象为下水道、废弃地铁站、地窖和墓穴等城市中隐秘的地下空间注入精神的力量，从而丰富我们对于城市的感受，它的描述同时借鉴了地底世界本身的空间特质和日复一日积累于这些空间之中的深厚而神秘的历史。这样看来，盖曼的幻想和那些以地底探险作为娱乐消遣的行为并没有多大差别。类似于第四章中提到的非法攀登高楼或其他城市制高点的行为，城市地下探险的核心驱动力是将身体与城市融合的渴望——用布拉德利·加勒特的话说，是为了在亲自进入地下设施之后"解码都市新陈代谢的奥秘"[139]。探险者在地底世界中发现的是城市的血脉经络——正是这些空间维持着城市的循环运转。人类原本不应出现在这些地方，这种陌生的疏离感反而更加吸引我们去发掘隐藏在城市下方的真相。

巴黎采石场众多艺术作品中的一部分。

　　许多探险家在地下神秘空间中留下了参观的痕迹，有些痕迹十分引人注目，比如过去三百年间造访者们在巴黎采石场的侧壁和顶部留下的大量印记，如今作为美丽的插图收录在《地下巴黎》（*Paris Underground*，2005 年）一书中。这些痕迹涵盖了合法访客制作的题词、测绘标记和方向标志，非法探索者留下的绘画、马赛克、雕塑、速写、涂鸦，甚至还有纸质传单。不像地表世界中经常被抹去的短暂痕迹，地下空间中这些在多重时空中叠加后的历史遗迹依旧如此生动清晰，证明地底世界是一个适合保存记忆的场所，其记忆形式丰富到如织锦般迷幻绚丽。

　　我们很难将这些本质上随性不羁的痕迹和建筑实践联系起来，因为后者的核心在于组织与控制。不过建筑师和城市规划师或许只需要放任这类空间继续存在就行了，换句话说就是：随它去吧。这种方式看似和本章开头所介绍的将废弃地铁站改造成泳池、滑板公园或艺术画廊等活力新空间的再开发计划背道而驰，但设计师其实是要与地下世界对话，努力像城市探索者一样将地下空间带入公众视野，以此来进行设计干预，切入城市的不同层面，以新颖的纵向角度展示城市空间。一些将地下场所视为历史财富的城市已经将这种策略付诸实践，尤其是在雅典、墨西哥城或罗马这样古老的城市，它们的历史遗迹通常埋藏于地底之下。例如，在阿兹特克大神庙（Aztec Templo Mayor）遗址出土于墨西哥城地下后，遗迹现场便露天敞开供人参观，成为保留在城市中心的一个大洞。[140] 另外一个简单又有力的案例位于意大利城市布雷西亚。2013 年 7 月，公益组织"地下布雷西亚"（Brescia Underground）获得市政府批准，将这座城市的一个下水道井盖替换为一块圆形玻璃，这样行人便可以透过井盖观察到流经脚下的一条古老的城市河流。[141]

　　近年来，一些市政部门普遍开始打开地下河道——这种逆向城市化（reverse urbanization）手段让许多水路得以"重见天日"。其中一个案例是纽约城的锯木厂河（Saw Mill River），这条河在二十世纪三十年代被引入地下涵洞，又在 2011 年作为范德唐克公园（Van der Donck Park）再开发计划的一部分重现地表。[142] 另一个例子位于大曼彻斯特地区的斯托克波特市，2015 年这座城市的地方议会重新发掘支撑着市中心默西韦购物中心（Merseyway Shopping Centre）的兰开郡古桥（Lancashire Bridge），令桥下于三十年代藏身涵洞之中的默西河（Mersey）显露出来。[143] 有时候地下空间能重现于世人面前，靠的是热心人的自我奉献。这一点体现在利物浦厄齐丘（Edge Hill）正在进行的一个

重新发掘威廉森隧
道（Williamson
Tunnels），利物
浦厄齐丘，2016年。

项目中，目的是开放由本地居民约瑟夫·威廉森（Joseph Williamson）和他雇用的工人在十九世纪早期开凿的壮观隧道网络。[144] 在这里，两队志愿者不辞劳苦地对这些隧道进行重新挖掘，项目已经运行多年，一系列令人惊叹的空间正在逐渐打开，并且一步步向公众开放。这项发掘工作并非市政或商业项目，它依靠的只是当地居民的一腔热忱。而通过采用实际上和近两个世纪前建造这些隧道时一模一样的技术，志愿者们用一种非常主观而真诚的方式将自己与地下空间的历史连接在一起。他们选择重新置身于脚下的城市，用民间的力量去打开一个新的世界。

在以上这些案例中，似乎地下空间本身就是表现人类欲望的场所。它在这一点上和之前探讨的穹顶或地堡城市设想形成了鲜明对比。不过，我们依然可以找到将这三种主题紧密串联起来的线索，以此来发现以后规划密闭城市世界的有效途径。首先，穹顶、地堡和充满革命力量的地下空间都以"临界点"作为不同世界出入口的标志，城市界面上下或内外的空间将在临界点处相会。而在"地下布雷西亚"项目中我们可以看到，这些临界空间可以进入公共领域，无须躲藏在人群之外。其次，一切密闭空间都在协调界面内外的关系，这也是一种互相连接的意识，即使这种意识有时体现在"监禁"这种与之背道而驰的行为中。以后的项目方案可能会通过想象密闭空间来突出人类的脆弱本性，这并不是为了谴责或逃避这种脆弱，反而是要赞美它激发梦想的潜力，以求建立室内室外、地上地下之间更为深入的联系。最后，阴暗的角落、恐怖的黑影这些地下世界的隐藏属性可以通过创造性的方式融入城市肌理，我们应当强调地面上下空间的区别，而非抹去二者之间的差异。我们可以从那些已经在和地下空间打交道的人们身上获得灵感：比如寻找容身之处的流浪者、被迫守卫地堡的士兵、涂鸦艺术家和城市探险家、被赶进下水道的街头儿童，或者莫名沉迷于挖掘难以自拔的怪人。[145] 将地底黑暗带入城市空间的行为似乎违反直觉，尤其是与过去几百年来致力于将自然光与新鲜空气引入"昏暗"城市的发展行为正好相反。但是，当允许黑暗入场之时，我们会发现之前关于地下世界的恐惧是一种假象，我们从此将不再逃避，而是坦然面对这种恐惧。

注 释:

1. 垂直城市的前瞻性建筑设计见 Stephen Graham, *Vertical: The City from Satellites to Bunkers* (London, 2016), pp.223—226;科幻小说中的情况见 Carl Abbott, *Imagining Urban Futures: Cities in Science Fiction and What We Might Learn from Them* (Middletown, CT, 2016), pp.28—43;科幻电影中的情况见 Donato Totaro, "The Vertical Topography of the Science Fiction Film", *Off Screen*, xiv/8 (2010)。

2. 有关碎片大厦租赁情况的最新信息可见其官网。

3. 见官网。

4. On the increasing concentration of skyscrapers in China and the Middle East, 见 Leslie Sklair, *The Icon Project: Architecture, Cities and Capitalist Globalisation* (Oxford, 2016)。

5. 参见"摩天大楼中心"(Skyscraper Center) 网站,这是世界高层建筑与都市人居学会的官网之一。

6. 见 Graham, *Vertical*。也可见 Andrew Harris, "Vertical Urbanisms: Opening Up Geographies of the Three-dimensional City", *Progress in Human Geography*, xxxix/5 (2016), pp.601—620, and Stuart Elden, "Secure the Volum: Vertical Geopolitics and the Depth of Power", *Political Geography*, 34 (2013), pp.35—51。

7. 见 Graham, *Vertical*, p. ix, and Donald McNeill, "Skyscraper Geography", *Progress in Human Geography*, xxix/1 (2001), p.44。

8. 见 Paul Haacke, "The Vertical Turn: Topographies of Metropolitan

Modernism", PhD thesis, University of California, 2011, p.189, 见 escholarship 网站。

9. 见 Paul Dobraszczyk, "City Reading: The Design and Use of Nineteenth-century London Guidebooks", *Journal of Design History*, xxv/2(2012), pp.123—144。

10. 关于摩天大楼结构发展渊源的文献纷繁复杂，对于第一座摩天大楼建筑的认定有颇多分歧。实用的文献综述可参见 Thomas van Leeuwen, *The Skyward Trend of Thought: The Metaphysics of the American Skyscraper* (Cambridge, ma, 1988)。关于摩天大楼建筑的后续研究包括 Eric Howeler and William Pedersen, *Skyscraper: Designs of the Recent Past for the Near Future* (London, 2003); Scott Johnson, *Tall Building: Imagining the Skyscraper* (New York, 2008); 以及 Adrian Smith and Judith Dupre, *Skyscrapers: A History of the World's Most Extraordinary Buildings* (London, 2013)。

11. 关于纽约早期摩天大楼与巴比伦的联系见 Leeuwen, *The Skyward Trend of Thought*, pp.11—13, 39—41; Darran Anderson, *Imaginary Cities* (London, 2015), pp.125—132; and Katherine Schonfield and Julian Williams, "Elevated Territories", in *City Levels*, ed. Ally Ireson and Nick Barley (Basel, 2000), pp.29—30。

12. 引用自 Leeuwen, *The Skyward Trend of Thought*, p.13。

13. Ibid。

14. Ibid., pp.11—13, 33—34。

15. Hugh Ferriss, *The Metropolis of Tomorrow* (New York, 1929), p.62。

16. McNeill, "Skyscraper Geography", p.45。双峰塔的复杂意义可参见 Tim Bunnell, "From Above and Below: The Petronas Towers and/in Contesting Visions of Development in Contemporary Malaysia", *Singapore Journal of Tropical Geography*, xx/1 (1999), pp.1—23。

17. 见 Javier Quintana, "Making the Future Real", in *eVolo: Skyscrapers of the Future*, vol. 11, ed. Paul Aldridge, Noemi Deville, Anna Solt and Jung Su Lee (New York, 2010), p.37。

18. 见 Witold Rybczynski, "Dubai Debt: What the Burj Khalifa—the Tallest Building in the World—Owes to Frank Lloyd Wright", *Slate*, 13 January 2010, 见 slate 网站。

19. 见 Howard Watson, *The Shard: The Vision of Irvine Sellar* (London, 2017)。

20. Maria Kaika, "Autistic Architecture: The Fall of the Icon and the Rise of the Serial Object", *Environment and Planning D: Society and Space*, 29 (2011), p.985。

21. Ibid., p.986。

22. Ibid., p.976。

23. 关于摩天大楼的媒体化见 McNeill, "Skyscraper Geography", p.47。 Howeler and Pedersen 也指明了此现代趋势，见 Skyscraper: Designs of the Recent Past for the Near Future, pp.158—175。

24. Max Page, *The City's End: Two Centuries of Fantasies, Fears, and Premonitions of New York's Destruction* (London and New York, 2008)。关于 "9·11 事件" 的破坏性以及威尔斯的《大空战》等虚构先例，参见 Mike Davis, "The Flames of New York", in Davis, *Dead Cities and Other Tales* (New York, 2002), pp.1—20。

25. 关于《内部世界》见 Abbott, *Imagining Urban Futures*, pp.37—40。

26. 关于现代主义批量化住宅项目的文献众多，其中最适合入门的或许是 Alison Ravetz, *Council Housing and Culture: The History of a Social Experiment* (London, 2001)。关于这一主题最重要的建筑研究是 Florian Urban, *Tower and Slab: Histories of Global Mass Housing* (London, 2011)，以及 in Britain, Miles Glendinning, *Tower Block: Modern Public Housing in England, Scotland, Wales and Northern Ireland* (London and New Haven, CT, 1994)。"普鲁特艾格"项目的拆除可以参见 Chad Friedrichs 2012 年的电影 *The Pruitt-Igoe Myth*。

27. Graham, *Vertica*, p.184。

28. 关于《摩天楼》的社会批判性见 Lucy Hewitt and Stephen Graham, "Vertical Cities: Representations of Urban Verticality in Twentieth Century Science Fiction Literature", *Urban Studies*, L11/5 (2015), pp.928—932。

29. Alastair Reynolds, *Terminal World* (London, 2011), p.86。

30. Ibid., pp.190, 297。

31. 关于十九世纪的俯瞰伦敦热潮见 Lynda Nead, Victorian Babylon: People, Streets and Images in Nineteenth-century London (London, 2000), pp.21—26。关于全景图见 Stephan Oettermann, The Panorama: History of a Mass Medium (New York, 1997)。

32. 见 Isabelle Fraser, "What London's Future Skyline Will Look Like—All 436 Skyscrapers", *The Telegraph*, 9 March 2016, 见 telegraph 网站。

33. 见 Michel de Certeau, "Walking in the City", in *The Practice of Everyday Life*, trans. Steven Rendall (Los Angeles, CA, 1984), pp.91—110。作者用往日在

世贸中心观景台参观的经历组织自己的观点（第 91 页）。

34. Katherine Schonfield and Julian Williams，"Elevated Territories"，in *City Levels*，ed. Ireson and Barley，p.43。

35. 早期多层建筑设想参见 Graham，*Vertical*，pp.220—226。

36. 未来城市与早期科幻电影的联系参见 James Chapman and Nicholas J. Cull，*Projecting Tomorrow: Science Fiction and Popular Culture*（London，2013），pp.13—42。

37. 架高的城市交通系统参见 Graham，*Vertical*，pp.224—239；人行天桥见 Antony Wood，"Pavements in the Sky: The Skybridge in Tall Buildings"，*arq: Architectural Research Quarterly*，vii/3-4（2003），pp.325—332。

38. On King and Wong's concept，见 Kenneth King and Kellogg Wong，*Vertical City: A Solution for Sustainable Living*（n.p.，2015）。

39. 见 Robert Gifford，"The Consequences of Living in High-rise Buildings"，*Architectural Science Review*，L/1（2007），pp.1—16。

40. 见 Mike Davis，*City of Quartz: Excavating the Future in Los Angeles*（London，1990），p.368。

41. 见 Will Self，"Isenshard"，in *The Future of the Skyscraper*，ed. Phillip Nobel（New York，2015），pp.71—72。

42. 其中俄罗斯城市探险家瓦迪姆·马克霍罗夫（Vadim Makhorov）和维塔利·拉斯卡洛夫（Vitaliy Raskalov）沿上海中心大厦向上攀登了 650 米，记录于 "Shanghai Tower Climb—in Pictures"，*The Guardian*。

43. Bradley Garrett, Explore Everything: Place-hacking the City (London, 2013), pp.80—91。或见 Bradley Garrett, Alexander Moss and Scott Cadman, London Rising: Illicit Photos from the City's Heights (London, 2016)。

44. 见 Theo Kindynis, "Urban Exploration: From Subterranea to Spectacle", *British Journal of Criminology*, Lvii/4 (2017), pp.982—1001。

45. 关于弗洛里安的垂直城市见 moma 网站。

46. K. W. Jeter, *Farewell Horizontal* (London, 1989), p.95。

47. 见 Clare Sponsler, "Beyond the Ruins: The Geopolitics of Urban Decay and Cybernetic Play", *Science Fiction Studies*, xx/2 (1993), pp.257—259。

48. Ibid., p.253。

49. 见 Helen Roxburgh, "Inside Shanghai Tower: China's Tallest Skyscraper Claims to Be the World's Greenest", *The Guardian*, 23 August 2016, 见 theguardian 网站。

50. Graham, *Vertical*, pp.369—381。

51. 关于摩天大楼的"虚荣空间"见 Sophie Warnes, "Vanity Height: How Much Space in Skyscrapers Is Unoccupiable?", *The Guardian*, 3 February 2017, 见 guardian 网站。

52. 见 Jean-Marie Huriot, "Towers of Power", *Metropolitiques*, metropolitiques 网站。也可见 Lloyd Alter, "It's Time to Dump the Tired Argument that Density and Height are Green and Sustainable", *Treehugger*, 3 January 2014, 见 treehugger 网站。

53. 见 Leeuwen, *The Skyward Trend of Thought*, pp.79—143。

54. 关于现代主义建筑、摩天高楼与大自然之间的关系，最为尖锐的主张仍然是 Le Corbusier, *The City of Tomorrow and Its Planning* [1927] (New York, 1987)，特别是第 280 页。

55. Yeang 的 出 版 物 包 括 *Designing with Nature: The Ecological Basis for Architectural Design* (London, 1995); *The Green Skyscraper: The Basis for Designing Sustainable Intensive Buildings* (London, 1999); *Reinventing the Skyscraper: A Vertical Theory of Urban Design* (London, 2002); and *Ecodesign: A Manual for Ecological Design* (London, 2008)。

56. 关 于 双 顶 屋 见 Robert Powell, *Rethinking the Skyscraper: The Complete Architecture of Ken Yeang* (London, 1999), pp.115—121; and Sara Hart, *Eco-Architecture: The Work of Ken Yeang* (London, 2011), pp.26—37。

57. 关于梅那拉·梅西尼亚加塔楼见 Powell, *Rethinking the Skyscraper*, pp.41—48; and Hart, *Eco-Architecture*, pp.56—68。

58. 关于博埃里的垂直森林设计见 stefanoboeriarchitetti 网站。

59. Ibid。

60. 更多的年度竞赛信息详见杂志官网。

61. Mathias Henning, "Skyscraper Competitions", in *eVolo*, ed. Aldridge et al., p. 99。

62. 比如艾瑞克·维格纳 (Eric Vergne) 的 "垂直农场"(Vertical Farm) 摩天楼，参见 *eVolo*, ed. Aldridge et al., pp.106—109。

63. 比如 2009 年的获奖作品，均浩天 (Kyu Ho Chun)、福西健太 (Kenta Fukunishi) 和李在英 (JaeYoung Lee) 的"新方舟"(New Arc) 计划，参见 *eVolo*, ed. Aldridge et al., pp.100—102。

64. 比如丹尼尔·韦德里德 (Daniel Widrid) 的"自适应塔楼系统"(Adaptive Tower System) 计划，参见 Aldridge et al., eds, *eVolo*, pp.183—185。

65. 见 Aldridge et al., eds, *eVolo*, pp.181—182。

66. Ibid., pp.186—187。

67. Ibid., pp.145—147。

68. Ibid., pp.171—172。

69. Graham, *Vertical*, p.128。

70. 见 Aldridge et al., eds, *eVolo*, pp.123—125。

71. 关于 BIQ 住宅见 "biq: Smart Material Houses"。

72. Edward Bulwer-Lytton, *The Coming Race* [1871] (Santa Barbara, CA, 1979), pp.2—3。

73. 见 David Pike, *Subterranean Cities: The World beneath Paris and London*, *1800—1945* (Ithaca, NY, 2005), p.77。

74. 引自 Anon., *The Brunels' Tunnel* (London, 2006), p.11。

75. 见 Christopher Beanland, "Meet the Men Transforming London Underground's

Derelict Stations", *The Independent*, 24 September 2014, 见 independent 网站。

76. 见 Eric Larson, "Underground Cities: The Next Frontier Might be Underneath Your Feet", *Mashable*, 21 February 2014, mashable 网站。

77. 见 Ye Ming, "A Million People Live in These Underground Nuclear Bunkers", *National Geographic*, 16 February 2017, nationalgeographic 网站。

78. 见 Paul Dobraszczyk, Carlos Lopez Galviz and Bradley L. Garrett, eds, *Global Undergrounds: Exploring Cities Within* (London, 2016)。

79. 关于三维地图见 Gavin Bridge, "Territory, Now in 3D!", *Political Geography*, 34 (2013), pp.55—57。

80. 傅里叶设想的乌托邦社区和拱廊参见 Walter Benjamin, *The Arcades Project*, trans. Howard Eiland and Kevin McLaughlin (Cambridge, MA, 1999), p. 5; 帕克斯顿从 1855 年开始推行的 "维多利亚伟大通道"(Great Victorian Way)参见 Parliamentary Papers 1854—1855 (415), Report from the Select Committee on Metropolitan Communications, 23 July 1855。拱廊发展渊源参见 Johann F. Geist, Arcades: The History of a Building Type (Cambridge, MA, 1985)。

81. 关于十九世纪的铸铁玻璃建筑，特别是温室和展馆见 Georg Kholmaier and Barna von Sartory, *Houses of Glass: A Nineteenth-century Building Type* (Cambridge, MA, 1991)。

82. 参观者对水晶宫的反馈见 Isobel Armstrong, *Victorian Glassworlds: Glass Culture and the Imagination, 1830-1880* (Oxford, 2008), pp.142—152。

83. *Household Words*, 3 May 1851, p.122。

84. 引用自 Sigfried Giedion, *Space, Time and Architecture: The Growth of a New Tradition* (Cambridge, MA, 1967), pp.253—254。

85. 见 Lewis Mumford, *Technics and Civilisation* (San Diego, CA, 1934), pp.69—70。

86. 见 Robert Poole, *Earthrise: How Man First Saw the Earth* (London and New Haven, CT, 2010)。

87. 关于环境问题的紧迫性和其政治影响见 Otis L. Graham, *Environmental Politics and Policy, 1960s-199os* (Philadelphia, PA, 2000)。

88. Douglas Murphy, *Last Futures: Nature, Technology and the End of Architecture* (London, 2016), p.3。

89. 富勒的网格穹顶见 Martin Pawley, *Buckminster Fuller* (London, 1990), p.16。1967 年蒙特利尔世博会生态球项目参见 David Langdon, 'AD Classics: Montreal Biosphere/Buckminster Fuller', *Archdaily*, 25 November 2014, archdaily 网站。

90. 奥托的作品参见 Winifried Nerdinger, *Frei Otto, Complete Works: Lightweight Construction* (Basel, 2005)。1967 年世博会德国馆参见 David Langdon, "AD Classics: German Pavilion, Expo'67 / Frei Otto and Rolf Gutbrod", *Archdaily*, 27 April 2015, archdaily 网站。

91. 见 Murphy, *Last Futures*, pp. 120—121。关于 Drop City 见 Mark Matthews, *Droppers: America's First Hippie Commune, Drop City* (Oklahoma City, OK, 2010), and John Curl's memoir *Memories of Drop City: The First Hippie Commune of the 1960s and the Summer of Love* (Lincoln, NE, 2007)。

92. Murphy, *Last Futures*, p.120。

93. Gaston Bachelard, *The Poetics of Space*, trans. Maria Jolas (Boston, MA, 1994), pp.258—259。

94. 见 Alan Prendergast, "Drop City, America's Boldest, Most Far-Out Commune, Left a Surprising Legacy", *West-word*, 27 May 2015, westword 网站。

95. 关于《拦截时空禁区》见 Murphy, *Last Futures*, p.196; Donato Totaro, "The Vertical Topography of the Science Fiction Film", *Screen*, xiv/8 (2010), 见 offscreen 网站; and James Chapman and Nicholas J. Cull, *Projecting Tomorrow: Science Fiction and Popular Culture* (London, 2013), pp.147—158。

96. E. M. Forster, "The Machine Stops" (1909), in *Collected Short Stories* (London, 1989), pp.109—146。或见 Carl Abbot, *Imagining Urban Futures: Cities in Science Fiction and What We Might Learn from Them* (Middletown, CT, 2016), p.103。

97. Arthur C. Clarke, *The City and the Stars* [1956] (London, 2001)。也可见 Abbott, *Imagining Urban Futures*, pp.106—108。

98. Isaac Asimov, *The Caves of Steel* [1953] (London, 1997), p.23。

99. 见 Abbott, *Imagining Urban Futures*, p.104。

100. 见 Mark Dorrian, "Utopia on Ice: The Climate as Commodity Form", in *Architecture in the Anthropocene: Encounters among Design, Deep Time, Science and Philosophy*, ed. Etienne Turpin (Ann Arbor, MI, 2013), p.148。

101. Richard Buckminster Fuller, *Utopia or Oblivion: The Prospects for Humanity* [1969] (London, 1973), p.353。

102. Frederick Pohl, *The Years of the City* (New York, 1984)。

103. 见 Murphy, *Last Futures*, pp.185—195。关于项目的复杂见 Rebecca Reider, *Dreaming the Biosphere: The Theater of All Possibilities* (Santa Fe, NM, 2010)。

104. Murphy, *Last Futures*, p.194。

105. 关于 Google 新总部的设计详情见 Ricard Nieva, "Google Unveils Plans for Futuristic New Headquarters", *CNET*, 27 February 2015, cnet 网站。

106. Murphy, *Last Futures*, p.221。

107. "阳光山滑雪穹顶" 项目参见 Dorrian, "Utopia on Ice"。穹顶购物街参见 Brian Merchant, "Dubai's Climate- controlled City is a Dystopia Waiting to Happen", *Motherboard*。

108. Merchant, "Dubai's Climate-controlled City"。

109. 可以在 Peter Sloterdijk 的三部曲小说中 *Spharen* (Spheres) 看见，1998 年至 2004 年由 Suhrkamp Verlag KG 出版于德国，2011 年至 2016 年译成英文。

110. Rosalind Williams, *Notes on the Underground: An Essay on Technology, Society, and the Imagination* (Cambridge, MA, 2008), p.212。

111. 见 "Sietch Nevada", Matsys Design, 2009, matsysdesign 网站。

112. Luke Bennett, "The Bunker Metaphor, Materiality and Management", *Culture and Organization*, xvii/2 (2011), pp.155—173。见 also Luke Bennett, ed., *In the Ruins of the Cold War Bunker: Affect, Materiality and Meaning-making* (London, 2017)。

113. 关于卡帕多西亚的地下建筑见 Omer Ayden and Reşat (Ulusay, "Geotechnical

and Geoenvironmental Characteristics of Man-made Underground Spaces in Cappadocia, Turkey", *Engineering Geology*, xc/3 (2003), pp.245—272。

114. 见 Paul Virilio, *Bunker Archaeology* [1967] (Princeton, NJ, 1994)。

115. 世界各地冷战时期核掩体参见 Dobraszczyk, Galviz and Garrett, eds, *Global Undergrounds*,pp.117—119 (Prague),121—123 (Stockholm),124—126 (Shanghai), 159—161 (Kinmen and Matsu); 美国的参见 Tom Vanderbilt, *Survival City: Adventures among the Atomic Ruins of America* (Chicago, IL, 2010)。北京的参见 Ming, "A Million People"。

116. 关于纽曼的这件作品见 Alison Sky and Michelle Stone, *Unbuilt America* (New York, 1976), p.192。

117. 见 M. Gane, "Paul Virilio's Bunker Theorising", *Theory, Culture and Society*, 16 (1999), p.90。

118. Mordecai Roshwald, *Level 7* (New York, 1959), p.111。

119. Hugh Howey, *Wool* (London, 2013), p.131。

120. 关于《微光城市》见 Abbott, *Imagining Urban Futures*, pp.97—99。

121. Ibid., pp.111—112。

122. Harlan Ellison, *A Boy and His Dog* (New York, 1969), p.234。

123. "'Depthscrapers'Defy Earthquakes", *Everyday Science and Mechanics*, November 1931, pp.646, 708。

124. 见 Ivor Richards, *Groundscrapers and Depthscrapers of Hamza and Yeang* (London, 2001)。

125. 见 "Plans for Futuristic Underground 'Skyscraper' beneath Mexico City's Zocalo", *Once and Future Mexico*, 26 November 2011, onceandfuturemexico 网站。

126. 见 Jess Zimmerman, "Can We Turn Mining Pits into Underground Cities?", *Grist*, 19 October 2011, grist 网站。

127. Angus Carlyle, "Beneath Ground", in *City Levels*, ed. Ally Ireson and Nick Barley (Basel, 2000), pp.100—101。

128. 见 Eric Nakajima, "Liquefactower: The Sinking City/Honorable Mention, 2014 Skyscraper Competition", *eVolo*, evolo 网站。

129. 见 Pike, *Subterranean Cities*, pp.107—129; and also "As above, so below: Paris Catacombs", in *Global Undergrounds*, ed. Dobraszczyk, Galviz and Garrett, pp.197—199。

130. 关于采石场的历史和发展见 Caroline Archer and Alexandre Parre, *Paris Underground* (New York, 2005)。

131. 见 Pike, *Subterranean Cities*, pp.107—129。

132. Victor Hugo, *Les Miserables*, trans. Norman Denny [1862] (London, 1988), p.619。

133. 关于情景主义国际见 McKenzie Wark, *The Beach beneath the Street: The Everyday Life and Glorious Times of the Situationist International* (London, 2015)。

134. Pike, *Subterranean Cities*, p. 188。Luc Besson's later film *Sub'way* (1985) also charts the lives of a group of misfits living in spaces beneath Paris。

135. *The Sleeper Awakes* 中未来伦敦的垂直结构见 Lucy Hewitt and Stephen Graham, "Vertical Cities: Representations of Urban Verticality in Twentieth-century Science Fiction Literature", *Urban Studies*, L11/5 (2015), pp. 927—929, and Stephen Graham, "Vertical Noir: Histories of the Future in Urban Science Fiction", *CITY*, XX/3 (2016), pp.384—385。

136. 见盖曼的前言, *Neverwhere* [1996] (London, 2005)。

137. 亨利·梅休关于伦敦底层民众的报告最早作为文章发表于 *The Morning Chronicle* in 1848—1849, 然后在 1851 年出版, 名为 *London Labour and the London Poor*。

138. Gaiman, *Neverwhere*, pp.371—372。

139. Bradley Garrett, *Explore Everything: Place-hacking the City* (London, 2013), p.121。

140. 见 Dhan Zunino Singh, "Under Kingdom: The Layers of Mexico City", in *Global Undergrounds*, ed. Dobraszczyk, Galviz and Garrett, pp.37—39。

141. 见 bresciaunderground 网站, 关于 Brescia Underground 的作品见 Caroline Bacle, "Buried Waterways: Brescia Underground", in *Global Undergrounds*, ed. Dobraszczyk, Galviz and Garrett, pp.223—227, and the film *Lost Rivers* (dir. Caroline Bacle, 2012)。

142. 见 Caroline Bacle, "Reverse Modernization: Saw Mill River, New York City", in *Global Undergrounds*, ed. Dobraszczyk, Galviz and Garrett, pp.167—

169。

143. 见 Alex Scapens，"Historic Stockport Bridge Set to Be Revealed for the First Time in 78 Years"，*Manchester Evening News*，5 February 2015，见 manchestereveningnews 网站。

144. 见 Paul Dobraszczyk，"Absurd Space: Williamson Tunnels, Liverpool"，in *Global Undergrounds*，ed. Dobraszczyk, Galviz and Garrett, pp.41—43。关于隧道的历史和它们的旅游景点功能参见 Williamson Tunnels Heritage Centre 网站，或 Friends of Williamson Tunnels 网站。威廉森的一生已经被改编为小说，参见 David Clensy's book *The Mole of Edge Hill* (Liverpool，2006)。

145. Carlyle，"Beneath Ground"，p.113。

III 消亡的城市

六、
废弃之城：
蔓延、灾难、熵变

城市中到处都有废墟。拆毁和重建此起彼伏，房屋被推倒之后由新建筑取而代之，常常不过是因为后者承诺更高的经济回报率。很多建筑废弃之后依然留在原地，它们以荒废之姿幸存，是因为暂时还没有找到新的用途。还有一些废墟更加古老，它们是过去的遗存，有的被精心呵护，有的从灾难中奇迹般地幸存下来。总之，城市正在我们目不可及的地方不断走向衰落，唯有对所有的建筑结构进行长期维护，才能阻止我们的城市变为废墟。而历史的废墟就像柏油路面底下露出的鹅卵石，提醒着人们城市底下埋藏的事物。

废墟还会以别的方式入侵城市。我们几乎每天都能在屏幕或报纸上看到暴力破坏城市的可怕事件，从经过媒体大规模直播后铭刻于人类集体潜意识中的"9·11事件"，到后来在中东城市中因内战、宗教极端主义或者由美国领导的反恐战争而发生的"城市谋杀"（urbicide）行为。[1]另外，核毁灭的威胁在几十年后的今天再次卷土重来。诸如此类的废墟意象为幻想作品提供了营养，不管是近年来的（后）末日电影和电视剧、越来越精致的游戏场景，还是当代艺术家的作品，比如 2014 年在泰特不列颠美术馆（Tate Britain）举办的"毁灭的欲望"（Ruin Lust）展览。[2] 毫无疑问，对于城市废墟的想象影响了我们在现实中应对和规划城市的方式，然而大部分的建筑师和城市规划者既没有意愿，也没有能力来理解二者之间的关系。

　　废墟终将成为未来城市的一部分。城市生活所面临的威胁日益严峻，并且主导着这个世界的未来方向。无论是面对可能由气候变化导致的灾难性破坏、精准打击城市的战争和恐怖主义行动，还是社会分化加剧引起的暴力事件，建筑师和城市规划师都别无他法，只能以包容的心态接纳破坏与废弃后的建筑环境。[3] 接受自己的失败可以使人更加自由和宽容地生活，在建筑中也是同理，包容心可以将城市环境变得比现在更加温情、丰富和有内涵。这个世界由全球资本主义所统治，后者似乎想要顽固地坚持并加快它对城市所进行的"创造性"破坏，因此我们亟须发展一种全新的手段来应对衰亡的宿命，认识到衰亡不仅仅是资本主义的必然产物，还是任何拒绝承认并接受局限、脆弱与毁灭的社会诞下的恶果。

蔓延

美国作家丽贝卡·索尔尼特（Rebecca Solnit）写道："每一座城市的诞生都伴随着对自然地貌的修整甚至毁灭。"[4] 而现代都市对环境的破坏远甚于它们的古代同类。直到十九世纪的城市都保持着十分紧凑的格局，因为它的交通网络始终为步行而设计。铁路、地铁和电车系统分别自十九世纪三十年代、六十年代和八十年代开始发展，它们都是帮助城市横向生长的利器，水平延伸的城市形态成为曼彻斯特等十九世纪工业集合都市的主要特色。铁路和电车让城市中的人第一次能够远离工作场所居住，促使城市郊区急速发展，如同植物的孢子一样散落在昔日紧凑的城市周围。二十年代早期汽车工业的批量化生产方式加速了这一进程，导致了城郊都市圈（metropolitan areas）的快速发展，这一现象在美国尤为突出。[5] 如今，城市的发展将本已规模巨大的独立城市联合为区域性大都市带，其中最有名的可能是中国的珠江三角洲地区（Pearl River Delta），这里正经历着人类历史上最快速的城市扩张，见证着建设中的未来城市群，由香港（2018 年人口为 740 万）、深圳（人口 1080 万）和广州（人口 1300 万）组成。[6]

既然城市发展的普遍趋势是向外扩张，那么难怪关于"城市蔓延"[①]（urban sprawl）的幻想成为自二十世纪初开始表现未来城市的主要形式，这在乌托邦和反乌托邦模式中皆是如此。另一方面，在弗雷德里克·基斯勒（Frederick Kiesler）的"空间城市"（The City in Space，1925 年）和康斯坦特（Constant）的"新巴比伦"（New Babylon，1956—1974 年）等先锋建筑方案中，"蔓延"同样意味着极其灵活与自由的城市生活形态。在基斯勒为 1925 年巴黎国

康斯坦特的"新巴比伦"方案，叠加在阿姆斯特丹城市肌理上，约 1963 年。

际装饰艺术博览会（Exposition Internationale des Arts Décoratifs）设计的展品中，一个极度灵活的城市推翻了乡村与城市的边界，它的建筑创造了一系列连续不断、纵横交错而且层次丰富的斜坡装置，将居民从形式呆板的墙和地板中解放出来。[7] 后来康斯坦特的新巴比伦计划花费了快二十年的时间，设想了一个自由散漫的城市，这座城市由居民在不断游戏的状态下自行建设而成，其长度或许可以环绕整个地球。[8]

自二十世纪七十年代开始，在人们的想象中，未来蔓生

①城市蔓延：指城市化地区失控扩展与蔓延的现象，它使原来主要集中在中心区的城市活动扩散到城市外围，城市形态呈现出分散、低密度、区域功能单一和依赖汽车交通的特点。

城市（sprawling cities）的环境越发恶劣落后，生态破坏、人口过剩和社会崩溃等问题成为城市标配。蔓生城市是二十世纪八十和九十年代赛博朋克小说的一大特色，比如威廉·吉布森（William Gibson）的小说《神经漫游者》（Neuromancer，1984 年）中的重要背景，连绵不断的蔓生都市"波士顿 – 亚特兰大斯普罗尔"（Boston-Atlanta Sprawl），或者玛吉·皮尔西（Marge Piercy）的小说《他、她和它》（He, She and It，1991 年）中的城市"格罗普"（Glop）。吉布森想象中的未来超级都市充斥着过往科技的残骸：

"这些废品看起来好像从地上生长出来的一丛扭曲的金属和塑料蘑菇……它们在时间的重压下自然分解，零落的碎片无声地凝结在一起，成为过时科技的结晶，在斯普罗尔大都市的垃圾场中秘密绽放。"[9]

同一时期的反乌托邦电影常常将未来蔓生都市描写成人口爆炸、无法无天的样子。《超世纪谍杀案》（Soylent Green，1973 年）中的未来纽约是 4 000 万人口的家园，这个世界里没有新鲜的食物，可怕的城市制造的污染已经将周围的乡村毁灭殆尽。和斯普罗尔大都市类似，《新特警判官》（Dredd，2012 年）中的"超级城市一号"（Mega-City One）是一个几乎没有尽头的都市区，从美国佛罗里达延伸至加拿大安大略省，拥有 1 000 万到 8 000 万城市居民。[10]"超级城市一号"的巨型街区中滋生着罪恶，城市的运行全靠执法者的铁血政策，其中以判官乔德（Dredd）的手腕最为强硬。

以上这些巨型都市群落距离发展为一座覆盖整个世界的城市仅有一步之遥：比如艾萨克·阿西莫夫《基地》（Foundation）系列小说中的行星级城市"川陀"（Trantor），或者它的当代衍生形象，《星球大战》（Star Wars）前传系列电影中帝国的政治中心"科洛桑"（Coruscant）——这是一座真正的"全球都

市"。达到如此规模之后，城中适合人类的尺度和一目了然的"场所精神"①（genius loci）自然都消失在浩瀚无边的空间中。于是也就难怪科洛桑最令人难忘的一次出场是在《星球大战第二部：克隆人的进攻》（*Star Wars Episode II: Attack of the Clones*，2002 年）里的一组夜间追逐场景中，城市的巨型高楼在此不过充当了用来制作电脑动效（CGI-enhanced action）的壮观背景。

J.G. 巴拉德 1957 年的短篇小说《密集城市》（*The Concentration City*）中准确地描写了丧失人性的城市对居民产生的影响。小说发表于未来城市幻想中科技乐观主义高涨之时，反映了作者长期以来对于近未来城市空间紧缩现象的关注。[11] 故事开头便以寥寥数笔直观地勾勒出城市规模之大："第一百万条街"、"搭乘极限电梯穿越一千层楼，到达终点广场"。小说的主要情节中，工程师弗兰茨（Franz）

①场所精神："genius loci"一词原为拉丁语，意为"场所守护神"，源于罗马人的宗教信仰。挪威作家、建筑理论家、建筑师诺伯尔－舒尔茨（Norberg-Schulz）认为场所精神是客观存在空间与主观意识空间的融合，建筑的物理形式可以与人们的精神产生共鸣。

一直想要在城市中找到一些开阔地带，来对他梦寐以求的飞行器进行测试。[12] 这个城市的空间是一种经历不断讨价还价的商品，弗兰茨的逃离最后以失败告终，历时三个星期的快车旅行之后，他意识到城市是一个无限的闭环，他正在回到自己出发的地方。弗兰茨以"思想罪"的罪名遭到逮捕，并被押送至精神病院，那里的精神科医生向他解释关于自由空间的梦想是多么荒谬。在巴拉德笔下噩梦般的城市世界里，人类和空间都被简化为纯粹的经济指标，于是所有的居民都被囚禁在城市之中。除此之外，在这个没有尽头的城市，发展和破坏是同一回事。在旅途中，弗兰茨看到某些城区崩塌后留下的巨大空洞，期间有上百万人因此丧生，他目睹数千名工程师和工匠在此重建被毁灭的城区，想要为城市的主要商品增值，这种商品就是：空间。[13]

　　作为一种公认的文化类型，二十世纪八十年代出现的赛博朋克以音乐、电影、幻想小说和图像小说等形式挑战了无处不在的未来蔓生都市的悲观论调，这种论调显然也对《密集城市》产生了影响。八十年代早期，个人电脑首次登场，在意识到这种新技术的未来影响力之后，赛博朋克文化逐渐成形。大多数情况下，赛博朋克幻想作品都以预测媒体主导下的信息爆炸时代对人类的异化为基本主题。赛博朋克特立独行的未来黑暗美学融合了高科技和朋克反主流文化、人类身体和以电脑为主的机器、虚拟与现实，借鉴战后出现的冷酷反乌托邦式未来城市设想，为其注入一种壮丽的美感和全新的社会文化。以吉布森的小说《神经漫游者》和雷德利·斯科特（Ridley Scott）的电影《银翼杀手》这两部最为著名的赛博朋克作品为例，无论是在《神经漫游者》中遭遇破坏、满地残骸的蔓生之城，还是在《银翼杀手》中工业衰退、大雨滂沱的萧瑟洛杉矶，未来的城市废墟都将成为优秀反主流文化群体繁荣兴盛之地。因此，许多赛博朋克作品将"废物利用"作为未来城市社区中的重要经济模式，比如在理查德·斯坦利（Richard Stanley）的电影《霹雳战士龙》（*Hardware*，1990 年）描述的后核战时代洛杉矶中，一名孤独的女艺术家从进行二手机器买卖的黑市获得零件来制作她心爱的废品雕塑，最终却发现其中一件废品原来是一个可以自我修复的杀戮机器人。不过，即使赛博朋克想象中的未来都市和它的前辈们一样绝望而荒芜，却并非城市生活的末路，而是新世界的开端，不再抹杀废墟的存在，而是与之融为一体。这种观念将废墟视为游乐场：这是一片"空白的画布"，此处人们可以逃离现实，在新鲜的虚拟赛博空间之中自在遨游。这种物质与精神空间的分割常常让赛博朋克作品中的主人公与城市实体空间日渐疏离，为充满魅力又不负责任的赛博世界而狂热。[14]

废墟在赛博朋克城市中的另一种重要形式是新旧建筑的叠加，其中以《银翼杀手》里复古技术与高新科技融合的未来洛杉矶最为壮观，整座城市以建筑形式大杂烩和新旧交融为特色。电影中的标志性建筑物，宏伟而庞大的泰瑞公司（Tyrell Corporation）总部仿佛一座巨型的阿兹特克或者埃及墓葬建筑，而影片开场占据整个屏幕的超级工业化城市风景令人回想起雷德利·斯科特的家乡——英国城市提赛德的炼钢厂大楼。[15] 在这座未来的洛杉矶城，城市在背负着历史的烙印的同时也在不断更新，这是后现代主义的典型处理方式，为的是反对现代主义遗忘过去的行为。这样的历史痕迹常常在往日的废墟中闪现。因此，在贰瓶勉（Tsutomu Nihei）的漫画《探索者》（*Blame！*，1998—2003 年）中，香港已经消失的城区"九龙城寨"（Kowloon Walled City）被重新塑造为未来赛博朋克城市的背景。九龙城寨曾经是地球上人口最为密集的城区，从一个二十世纪初期形成的自治聚居区到二十世纪五十年代扩张为一座非正式的城市，曾在极盛时期以 2.8 公顷的面积容纳了 3.3 万名住户，蜗居于自行建造的十三、十四层楼高的小单间公寓中。[16] 到了 1994 年，九龙城寨在香港 1997 年回归的交接工作中被拆除，如今成了一座城市公园，但它仍以鲜活的姿态成了创作者的灵感源泉，贰瓶勉受到九龙城寨混乱结构的启发，创造了一个自发生长、不断增殖的未来之城。假如城市居民可以摆脱市政法规的束缚，他们也许会创造出一个"比特之城"[①]（city of bits），在这里，将来新增的人口不再蜗居于紧密簇拥的超级高楼，而是生活在相互有机结合而又各自独立的构筑物内。这样的城市必将是混乱无序的，它与追求干净整齐的西方城市形态截然相反。现在我们还是有很多死气沉沉的城市空间，因为它们拒绝直面老旧的事物，认为后者过时落伍。在学着接受混乱城市的过程中，我们将会明白，古老总是孕育着新生，新旧事物总是相互交织，而非彼此隔绝。

①比特之城：威廉·J. 米切尔（William J. Mitchell）1995 年的著作《比特之城》勾勒了被信息高速公路所连接的未来"软城市"的空间、位置、建筑以及城市生活方式。

《银翼杀手》（1982 年）影片开场中的未来洛杉矶城市场景。

在建筑师与废墟相处的历史中，新旧结合的过程中总是暗流涌动。[17] 意大利艺术家乔凡尼·巴蒂斯塔·皮拉内西（Giovanni Battista Piranesi）在十八世纪狂热地描绘着古罗马遗迹，还发挥想象将其用于创作他的"随想画"（capriccios）和"监狱"（carceri）系列，前者想象了一系列古代墓碑和其他遗迹组成的城市风景，后者描绘的是巨大的监牢里摇摇欲坠的宏伟建筑和淹没其中的渺小人影。[18] 皮拉内西的作品影响了整整一代建筑师，他们特意设计和建造一些仿古罗马遗迹的结构，作为留给未来的宏大纪念物，其中一个例子便是约瑟夫·甘迪（Joseph Gandy）为建筑师约翰·索恩（John Soane）的作品英格兰银行（Bank of England）创作的未来遗迹鸟瞰图，应索恩本人之邀绘制于 1830 年。[19] 在后世的建筑作品中，过去的遗迹与新生的建筑越来越深入地融合在一起。这体现在英国的两个项目中，一个是威瑟福德·沃森·曼（Witherford Watson Mann）建筑事务所于 2013 年对阿斯特利城堡（Astley Castle）进行改造建成的酒店，这次改造获得了著名的英国皇家建筑师协会斯特林奖（RIBA Stirling Prize）；另一个是 2010 年由伦敦建筑事务所霍沃斯·汤普金斯（Haworth Tompkins）在废弃鸽舍中建造的艺术家工作室，位于萨福克郡的斯内普村。[20] 建筑师彼得·卒姆托（Peter Zumthor）2010 年在科隆设计的柯伦巴博物馆（Kolumba Museum）则更具规模，

约瑟夫·甘迪，英格兰银行未来遗迹鸟瞰图，1830年，水彩画。

这座现代砖结构建筑仿佛从第二次世界大战期间同盟国炸毁的哥特式教堂遗迹中自行生长出来。[21] 在以上所有案例中，遗迹表面岁月风化的痕迹与新的材料互相呼应，无论是锈迹斑斑的耐候钢板[①]（CorTen steel-clad）包裹着的艺术家工作室小屋，还是阿斯特利城堡和柯伦巴博物馆新建部分中裸露出的古老砖墙和地砖。这些当代设计虽然在形式上不同于赛博朋克对于新旧交织的幻想，却在作品中表现了同样的理念，那就是用融合代替拆除，将废墟变为建筑。尽管这些项目仅仅属于个别案例，有的还深入乡野远离城市，我们仍然可以从中窥见未来城市与废墟共存的模样。

霍沃斯·汤普金斯，在鸽舍废墟上建造的艺术家工作室，斯内普村麦芽发酵厂艺术区，萨福克郡，2013 年。

①耐候钢板：一类合金钢，经过氧化处理一段时间后能在表面形成一层致密的锈层，起到保护的作用。耐候钢表面呈自然的锈红色，生产方便，易于打理，且会随着时间的推移和环境的变化进一步氧化，呈现出深浅不一、新旧结合的独特美感。

灾难

城市总是为如何处置废墟而烦恼，这个情形在现代越发如此。现代高度发达的军事技术足以摧毁一整座城市，最终造成了有史以来最为严重的城市破坏行为，那就是同盟国在第二次世界大战期间发动的空中炸弹袭击，毁灭了许多德国和日本城市。[22] 纵观历史，对城市破坏的想象出现在多种文化意象中：从圣经故事中巴别塔、索多玛（Sodom）和蛾摩拉（Gomorrah）的毁灭，到公元前一千年中国怀古诗中对历史的反思。[23] 西方现代社会对城市毁灭的想象往往聚焦于1755 年里斯本大地震 [24] 等自然灾害对城市面貌的破坏、爱德华·吉本（Edward Gibbon）的《罗马帝国衰亡史》（*The History of the Decline and Fall of the Roman Empir*，1776—1788 年）中对于帝国衰落的隐喻，以及欧洲和北美地区帝国之间贯穿了整个十九世纪和二十世纪的无数次斡旋，如今显然还有美国的新兴势力参与其中。[25] 对帝国破碎的恐慌催生了第一批后末日时代的未来城市设想：从十九世纪初库辛·德·格兰维尔（Cousin de Grainville）的《最后之人》（*Le Dernier Homme*，1805 年）和玛丽·雪莱（Mary Shelley）的《最后的人类》（*The Last Man*，1826 年）等幻想作品中的"最后一人"意象，到古斯塔夫·多雷的伦敦遗迹版画等图像作品。这些基础性的文字和图画最终孕育了大量表现未来废墟之城的文学和电影作品，从 H.G. 威尔斯设想城市被外星人毁灭的小说《世界大战》（1898 年），到导致人们畏惧未来电脑威权的《终结者》（*Terminator*）系列电影。

虽然这些幻想作品要么能够突出未来文明的潜在焦虑，要么可以警示城市生活的毁灭危机，但在许多后灾难时代的幻想中，未来废墟城市其实不过是求生故事的戏剧化场景，剧情发展往往集中在一个"英雄"人物身上，而这个英雄几乎总是男性。[26] 不过，灾难中产生的废墟也可能给城市生活带来更积极的影响。在第二次世界大战的战后余波中，一些由空袭导致的城市废墟被指定为重要的纪念场所，其中最著名的有英国的考文垂教堂（Coventry Cathedral）和德国柏林的威廉皇帝纪念教堂（Kaiser Wilhelm Memorial Church）。[27] 两个教堂都在二十世纪五十年代以现代风格重建，部分毁坏的建筑结构重新融入新建部分中，以此来纪念战争。作为一种间接的纪念形式，当代的某些废墟也可以用来隐喻城市的衰亡，尤其是底特律的密歇根中央车站（Michigan Central Station）。这座建筑建成于 1913 年，自 1988 年起进入废弃状态，之后又出现在高佛雷·雷吉奥（Godfrey Reggio）2002 年的电影《战争生活》（*Naqoyqatsi: Life as War*）片头中。作为巴别塔的现代版本，密歇根中央车站意欲在影片中挑战资本主义无穷无尽的进取之心，或者说人类过度膨胀的愚蠢野心。

麦克尔·科尔伯（Michael Kerbow）的"征兆"（Portents）系列油画中的一幅《精致的衰亡》（*Their Refinement of the Decline*，2014 年）中出现了一座更加真实可信的巴别塔。这幅画将勃鲁盖尔笔下著名的巴别塔形象重新描绘为一座向外支棱着无数烟囱的巨型工业结构，主宰着围绕在它下方的城市。[28] 这幅夸张的未来反乌托邦城市景象颇具戏剧张力，它明显嘲讽了工业化生产与生俱来的破坏性，也警示着工业化对地球的潜在危害。画面中还描绘了一片既有毁灭的危险又有建设潜力的废墟，和勃鲁盖尔画作中出自《圣经》的高塔一样，这座工业之塔也在狂热的建设和惨烈的毁灭之间摇摆不定。当废墟成为纪念物，它们便在违反传统思想中纪念物的"永久"属性。废墟的本性是短暂易逝，那么它

麦克尔·科尔伯，《精致的衰亡》，2014 年，布面油画。

们所纪念的便是万物生命的短促与人类力量的局限。[29]

    像考文垂教堂和威廉皇帝纪念教堂这样保留并融入新建筑的遗迹并不常见。假设整座城市的废墟都被新建筑悉数接纳，完全保留，这样的一座未来城市将呈现出怎样的形态？建筑在回收利用后将产生一种拼贴式的美感，而融合往日的遗迹可以创造新的建筑形式。在英国艺术家狄安娜·佩瑟布里奇（Deanna Petherbridge）创作的大量绘画作品中，废墟与建筑的表现形式和建造方式进行了一场互动。[30] 在《翁布里亚乡村一号》（Umbria Rurale 1，2010 年）这样

的作品中，艺术家从多个角度以不同的形式尝试各种将废墟
重建于新建筑之中的创意。《翁布里亚乡村一号》中的废墟
来自艺术家在意大利农村发现的废弃农舍，这些农舍和新的
房屋比肩而立，述说着"农业演化和衰退的历史"。[31] 在狄
安娜细腻的笔触下，这些历史浓缩于一座房屋之内——这是
一座棱角分明，由塑料管道、石头柱子和风化的木头组合而
成的拼贴建筑。在她的另一幅画作，来自"世界图像城市"
（The City as Imago Mundi）系列的《带状城市》（Ribbon

（左）狄安娜·佩瑟布里奇，《翁
布里亚乡村一号》，2010 年，
纸本水墨。

（右）狄安娜·佩瑟布里奇，
《带状城市》，"世界图像城市"
系列，1976 年，纸上笔墨。

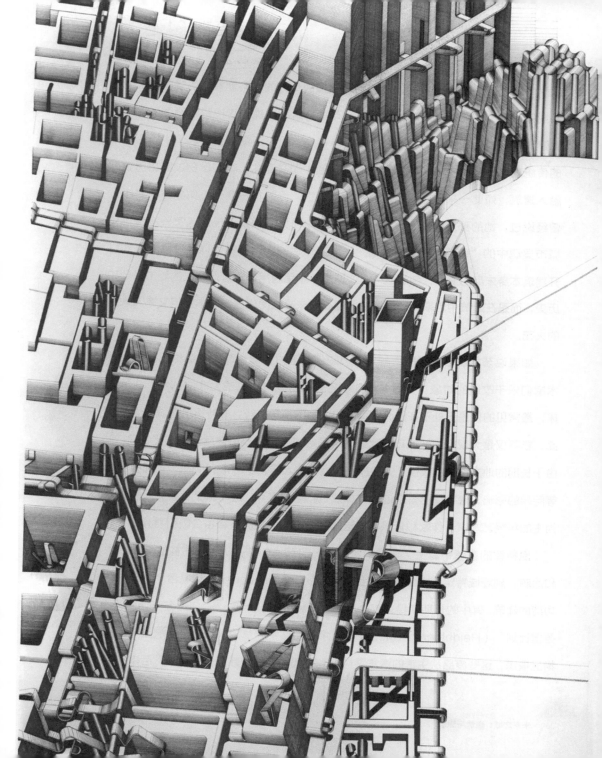

City，1976 年）中，半成品的建筑结构聚集成奇异的城市地景，仿佛由巨大的石头或者混凝土工业遗迹组成。尽管佩瑟布里奇这些精确的正投影轴测图酷似传统的建筑表现图，却采用了令人困惑的暧昧视角，而且还颠覆了建筑天生以人为本的传统观念。画面中的建筑乍看之下似乎陌生而又混乱，其实是在试图将历史感融入建筑，如此一来，历史不再只是那些与世隔绝的往日遗迹。佩瑟布里奇本人曾经说过，她的那些破败、将倾、未完的形式是为了展现已经注入每一座建筑和城市灵魂中的"破坏与维护的痕迹"。[32] 换句话说，创作者可以通过以上方式打开建筑本身未尽的潜力，创造这样一座城市：不是利用建筑打造肤浅的城市形象和历史，而是在建筑中坦率地表现过去、现在和未来之间碰撞出的丰富但又充满未知的火花。

如果说艺术蕴含着将废墟融入城市的创新潜力，那么废墟本身也已经成为艺术家们乐于改造的对象。世界各地几乎每天都有废弃建筑成为非法艺术形式的温床，最常见的便是无处不在的涂鸦图案和满墙的视觉符号。底特律这座城市尤其如此，它不仅是大规模废墟城市的代表，也已经成为废墟改造创意设计的代名词。[33] 由于长期的地方性种族歧视、工业投资缩减和白人群飞（white flight）到郊区生活等问题的影响，底特律已有超过 8 万栋建筑物遭到废弃，近年来又不断涌入以白人为主的年轻艺术家、作家和音乐家，这座城市以低廉的房价和租金吸引着人们。[34]

底特律的废墟中诞生了非常丰富和多元的艺术创作，从无处不在的街头艺术和涂鸦，到场域特定艺术装置（site-specific installations）[①]和混合了城市农场功能的建筑。其中的长期项目有泰里·盖顿（Tyree Guyton）从 1986 年开始的"海德堡计划"（Heidelberg Project），艺术家将城中赤贫黑人区的空置房屋用废弃物品填满，这些废品从生锈的汽车零件到光秃秃的玩具娃娃应有尽有。[35] 后来的艺

斯科特 · 霍金，"金字型神
塔与费雪车身工厂 21 号"，
场域特定艺术装置，2007—
2009 年。

———————————

①场域特定艺术装置：场域
特定艺术是考虑到特定场地
因素而创作的艺术作品，通
常包括景观改造、雕塑装置、
表演与行为艺术，强调在创
造时或完成后与场地中人和
物的互动。

术作品还包括本地艺术家斯科特 · 霍金（Scott Hocking）在
底特律的几座标志性废弃建筑物中创作的一系列场域特定艺
术装置，比如位于巨大工厂中的"金字型神塔与费雪车身工
厂 21 号"（Ziggurat and Fisher Body 21，2007—2009
年），艺术家使用来自建筑本身的 6 201 片木质地板创造出
一座宏伟的金字塔。[36] 虽然当地的艺术史学家多拉 · 阿佩尔
（Dora Apel）批评这件作品掩盖了底特律废墟背后的社会
和经济问题，霍金的装置仍然是自废墟而生，与废墟共存的

典范。[37] 他的金字型神塔看似属于久远的过去，其形态却恰好诞生于拆除的过程中。实际上，和霍金的许多其他雕塑作品一样，这座装置已经随着建筑的逐步拆除而消失。霍金的装置刚好和佩瑟布里奇的画作一样，向我们揭示了创造与破坏这个漫长循环过程的重要性，城市的历史就在这种循环中古今往复，生生不息。

在西格蒙德·弗洛伊德（Sigmund Freud）的晚期作品《文明与缺憾》（*Civilization and Its Discontents*，1930 年）中，他对城市与思想的历史进行了详细的比较。对弗洛伊德而言，思想和城市一样，是一卷可以重复书写的羊皮纸手稿，它们"早期的发展融入后期的演化中，为后者提供必需的原料"。[38] 这样看来，即使曾经饱受创伤，思想也永远不可能独立于任何曾经塑造它的事物而存在。实际上，包容的思想恰好源于对过往创伤的接纳，我们无法轻易摆脱创伤，而是需要不断地与之相处。或许对城市而言也是如此，建筑师和城市规划者的职责便是揭开昔日的伤疤，与整个城市一起疗伤。考文垂教堂和威廉皇帝纪念教堂的废墟、狄安娜·佩瑟布里奇的画作和斯科特·霍金的装置作品以殊途同归的方式共同向我们展示如何将灾难的记忆保存于建筑之中，令其对未来城市的健康发展和公共生活产生积极的影响。

熵变

前文中提到，如果缺乏维护，建筑就会不可避免地走向破败。任何材料都有随时间而衰败的趋势，热力学这一基础物理科学将这种趋势称之为熵（entropy），它计算的是一个封闭系统的混乱程度。熵的存在说明废弃永远在发生，而且"废弃"是一个过程而非物体，是一个动词而不是名词。

美国艺术家罗伯特·史密森（Robert Smithson）为熵而着迷，他的作品对一代热衷未来废墟设计概念的建筑师、艺术家和评论家产生了深刻影响。[39] 史密森在 1967 年的文章《巴赛克纪念碑之旅》（*The Monuments of Passaic*）中记录了他游历后工业化时代新泽西地景的旅程，在他眼中，未完工的摩托车道遗迹、工业时代的残骸和空荡荡的停车场形成了一种奇妙的时光风景（timescapes）。史密森在这篇文章里创造了一个概念"反废墟"（ruins in reverse），以此来形容尚未完成或遭到闲置的构筑物，我们或许也可以将其称为"新废墟"（new ruins）。[40] 和小说家 J.G. 巴拉德以及后来的一众艺术家一样，史密森对新废墟进行了想象力丰富的解读。这个主题十分具有先见之明，在 2008 年的全球金融危机和大量房地产公司的破产风波之后，全世界的数千座建筑，有时甚至是一整座城市，都瞬间停留在了未完工的状态——这些反废墟如今依旧前途未卜。[41] 新废墟的标志性视觉词汇是暴露在外的空心砖、赤裸裸的钢筋混凝土骨架、黑黢黢的窗洞和向外支棱着弯曲钢筋的混凝土柱子，这并不符合传统的废墟美学——缓慢凋零的石头、砖块和木头材料，述说着遗失的过往。新废墟更像是被封存在冻结的时间中，过去、现在和将来在此随意地拼凑在一起。未完成的结构以相当直白的方式坦率地表现出这种不确定性，虽然形式有些极端，却代表了大多数城市的状态——在创造与破坏之间不断摇摆。

因熵增而造成的无序衰亡（entropic decay）也是战后科幻小说的一个重要主题，未来的蔓生都市中常常泛滥着昔日城市的残骸。菲利普·K.迪克（Philip K. Dick）的赛博朋克原型小说《机器人会梦见电子羊吗？》（*Do Androids Dream of Electric Sheep?*）出版于 1968 年，斯科特的电影《银翼杀手》据此改编而成，小说中的未来旧金山是一座空心城市，大多数居民都已经为了逃离地球核辐射而迁往太空殖民地中。城郊的公寓大楼仅有约翰·伊西多尔（John Isidore）一人居住，伊西多尔口中的垃圾"基博"（kipple）正在缓慢地占据整个世界，逐渐累积的城市残渣最终将会吞噬一切。伊西多尔孤独地生活在这栋快要报废的公寓楼中，在对未来废墟的思考中缓解自己的孤独，在这片废墟里，"一切都将融合在一起，变得面目模糊、千篇一律，只有布丁状的基博不断堆积，直至到达每一间公寓的天花板。于是这些无人照料的建筑最终消失无踪"。[42] 迪克笔下慢慢屈服于熵增的未来城市完全不同于《银翼杀手》里的那座生机勃勃、人头攒动的未来洛杉矶，不过伊西多尔的公寓［在电影中属于 J.F. 塞巴斯蒂安（J. F. Sebastian）］在小说和电影中都是一个忧郁的庇护之地，电影中被塞巴斯蒂安修复的废弃玩具代替了迪克的垃圾"基博"，二者均让人感到舒适，因为它们启发我们在超越人类个体寿命的漫长时间维度中进行思考。

想象这种未来空城的一部分乐趣在于我们超越常规的时间观念后产生的平静感。不过，未来城市的无序衰亡也威胁着我们作为个体或者物种的生存，由此产生的焦虑奠定了许多未来城市电影的基调，比如《惊变 28 天》（*28 Days Later*，2002 年）中的伦敦和《我是传奇》（2007 年）中的纽约城，空荡荡的城市里潜藏着可怕的危险，那就是成群结队遭受感染异变而成的后人类（post-humans）怪物。[43] 空置的城市还有可能成为表达反城市情绪的载体，比如在克利福德·D. 西马克（Cliford D. Simak）1944 年的小说《城市》（*The City*）中，作者设想了一个因居民追求健康安全与政治自主的田园生活而遭到遗弃的未来城市，以此来宣扬他在威斯康星农村成长时建立的价值观。[44] 类似地，查尔斯·普拉特（Charles Platt）的小说《城市黄昏》（*The Twilight of the City*，1974 年）中的未来都市成了全球经济崩盘的罪魁祸首，导致城市陷入内部派系之争，主人公最终来到乡野之中寻找安稳的新生活。

　　J.G. 巴拉德短篇小说中篇幅最长的一部《终极城市》（*The Ultimate City*，1976 年）则表现了更为强烈的矛盾冲突，小说中的未来田园城市[①]（Garden City）仿佛一座由可再生能源驱动的生态城市乌托邦，与之对立的则是一座依靠石油驱动的二十世纪废弃都市，这座城市现已沉寂于废墟之中。故事的中心人物哈洛威（Halloway）离开了田园城市祥和而又禁欲的生活，前往大都市的废墟寻找自由和刺激，他去修理城中废弃的车辆，为逐渐破败的建筑和街灯修复电力系统。哈洛威召集了一群古怪的社会边缘人来实现重启城市的梦想，出于对早期现代主义城市规划中的科技乌托邦主义的推崇，哈洛威显然对大都市生活的雄心壮志有强烈的怀旧之情。[45] 然而，巴拉德的故事同时也是一则警世寓言：随

①田园城市：1902 年，英国城市学家、社会活动家埃比尼泽·霍华德爵士（Ebenezer Howard）再版的著作以《明日的田园城市》（*Garden Cities of Tomorrow*）为题，提出将人类社区包围于田地或花园区域之中，结合城市和乡村两种环境的优势，平衡住宅、工业和农业区域比例的一种城市规划，以此来解决农村迁离和由此造成的城市无序增长的问题。

着哈洛威的计划逐渐展开，城市重新焕发生机，随后却迅速陷入暴力、犯罪和混乱当中，曾经导致城市没落的事件在此不断重演。

巴拉德故事的特别之处在于它描绘了劫后余生的后城市（post-urban）世界。哈洛威自始至终都被工业时代残骸所创造的"强烈而不羁的独特美感"深深吸引：

"哈洛威着迷于漂满金属碎屑的河道闪烁的粼粼微光，突然从破败的湖泊中隐现眼帘的落水车辆形成的怪异寂寥之景，还有垃圾山的奇光异彩，无数塑料包装和锡纸组成的日用品万花筒中千万个金属罐头闪耀的光辉。他被水下漂动的云雾般的钴粉所吸引，水中全无鱼类和植物的踪影，柔软的化学物质一波又一波地从烂泥中渗出，相互反应……他痴痴地注视着废弃高岭土像碎冰一样闪亮的灰白棱角，荒废的铁轨上覆满苔藓的火车头，他眼中工业废墟的无暇美感来源于技艺和想象，远比自然的造物更加丰富，比理想田园中的青草更加鲜亮。和自然不同，这里没有死亡。"[46]

在这些令人惊异而振奋的描述中，巴拉德循循善诱地启发我们发现工业废物之美，这也体现在哈洛威利用垃圾建造新结构的创意中：无论是用破旧电视、飞船零件、货运列车和导弹发射器搭建的金字塔，还是将废弃车辆相互堆叠建造而成的摩天大楼，无不展现着废弃之物的魅力。工业废墟的愉悦美感一定会令那些正致力于绿化和净化城市的人大惊失色，不过巴拉德的工业废墟正是以怪异的形式和结构为我们打开了全新的视野：如果采取宽容的态度，我们也许有机会在工业灾难中重建一座乌托邦之城。[47] 很显然，巴拉德担忧的是，为了环保的未来而贸然抛弃高能耗城市的行为或许并非解决人类问题的良方，尤其无法平息哈洛威内心那股驱使他离开生态乐园的破坏性冲动。

工业废墟吸引哈洛威的混乱壮观之感恰好向我们预示着乐观面对当代城市垃

级问题的方式。每年流入海洋中的 800 万吨废弃塑料形成了全球海洋中的巨大垃圾旋涡①（garbage vortexes），这说明我们产生的城市垃圾正在彻底改变地球的生态系统。确实有预测指出，海洋中的塑料总数将会在 2050 年超过鱼类的数量。[48] 在致命废物中寻找美感似乎有违常理，但巴拉德认为，只有发现垃圾的美感或者其他任何价值，才对解决问题有所帮助。我们海洋中的那些塑料和《终极城市》中的废墟一样享有永恒的寿命，它们永远不会完全降解。海洋中一切自然生命消逝之时，塑料仍将留在原地，成为永不消亡的"新"自然，在未来的成千上万年持续地影响地球的生态系统。

这些不会腐烂的废物似乎推翻了主宰大多数未来废墟城市的熵增定律。我们经常幻想最后自然回归城市，创造出一片没有人类的绿色"后城市"世界。受到詹姆斯·洛夫洛克（James Lovelock）最早于二十世纪七十年代提出的流传甚广的"盖亚假说"（Gaia）影响，[49] 人们现在普遍认为地球是一个可以自我调节的生态系统，将在人类灭绝之后继续繁荣发展，因此关于无人世界的电视和电影场景也很受欢迎，比如动物星球频道（Animal Planet Channel）和探索频道（Discovery Channel）联合制作的《未来狂想曲》（The Future is Wild，2002 年）、历史频道（History Channel）的《人类消失后的世界》（Life after People，2008 年）、国家地理频道（National Geographic

①垃圾旋涡：此处指的是太平洋垃圾带，是东太平洋上从美国的加州到夏威夷州的一个巨型垃圾积聚区。

木村恒久《摄影蒙太奇的视觉欺骗》中的一幅图像，和电影《遗落战境》（2013年）的一张宣传海报进行对比。

Channel）的《巨变之后，人口为零》（*Aftermath: Population Zero*，2008年）等电视节目，以及《我是传奇》、《遗落战境》（*Oblivion*，2013年）等电影。[50]在《遗落战境》中，未来的一次外星人入侵导致地球毁灭于核战后遗症和月球破坏引起的地质巨变中。比相关剧情更加出名的是电影制作的一系列未来纽约城的壮观渲染图，在这些惊人的场景中，城市高楼陷入峡谷之中，体育馆和文化建筑也沉入地底，而纽约帝国大厦在电影的一幅宣传海报中被瀑布吞没，这幅景象令人迅速回想起艺术家木村恒久（Tsunehisa Kimura）1979年发表于《摄影蒙太奇的视觉欺骗》（*Visual Scandals by Photomontage*）中的照片拼贴画。尽管这部电影创造了一幅人与非人类世界融合的奇景，并提供了一种强烈的感觉，即人类世界的废墟和后来将其吞没的大自然之间有不可避免的相互作用，但它仍然通过将城市模拟成地质景观虚化了这种相互作用，如影片中纽约的摩天大楼好像确实变成了经常与之类比的悬崖和峡谷。几乎可以肯定的是，将来自然与城市的真正冲突远比《遗落战境》的诱人画面更加混乱和丑陋。

科尔姆·麦卡锡（Colm McCarthy）2016 年的电影《天赐之女》（*The Girl with All the Gifts*）体现了更有先见之明的当代人类世意识。在未来的伦敦，人类因感染某种真菌变成嗜血的僵尸而濒临灭绝，一小批幸存者试图和传说中的安全区域，大型军事基地"灯塔"（Beacon）取得联系。团队的首领，片名中的女子梅兰妮（Melanie）在孩童时期遭受感染，对真菌产生了一些抵抗力，所以能够在一定程度上抵抗自己体内的吃人冲动。和许多后末日类型作品一样，电影的情节十分老套，老生常谈的僵尸形象就是剧本中最明显的借鉴元素。不过它所描述的人类适应灾难恐慌的方式和《我是传奇》等类似电影中令人安心的"英雄"模式大相径庭。梅兰妮和未受感染的幸存者们所面对的劫后伦敦已经长满了自然植物以及萌发于感染者腐烂尸体中的死亡植物。这些植物以藤蔓状的茂密姿态缠绕在英国邮政塔（Post Office Tower）之上，它们身上正在孕育的种子会产生更加致命的新型空气感染，感染一旦发生，必将一举抹去地球上所有残存的人类。电影结束于梅兰妮离开她的健全人同伴走向植物种子之时，人类的时代就此终结，留下一群和她一样被感染过的孩子，他们能够接受教化，延续文明。电影令人回想起约翰·温德汉姆（John Wyndham）的小说《三尖树时代》（*The Day of the Triffids*，1951 年），[51] 又聪明地打破了关于未来废墟城市中人与非人相互关系的传统观念。

　　废墟包含诸多强大的寓意，在带来启发的同时也令人感到困惑。城市化本质上是一个不可避免的废墟化过程，通过深入思考城市与废墟之间的关联，我们或许可以调和城市中破坏与建设的两种趋势。废墟也许可以留在新建筑身边，甚至设于新建筑之内，以此来表现新旧之间的关系；而城市蔓延扩张的边界地带往往是一片"未知区域"（terra incognita），这里可能和在城市发展中遭到破坏的自然景观更紧密地结合在一起。废墟还可以被改造为纪念物，不是像标准纪念物那样永久地提示着城市历史上发生过的人或事，而是让我们铭记更加痛苦的另类历史的纪念物，甚至能提醒人们，城市中那些我们原以为永恒的事物，其实注定短暂无常。废墟本质上也可以作为建筑居住，尽管它们通常无法满足我们对于居住空间的期待。最后，即使我们不得不将城市和居民制造的垃圾重新组合，从中也有可能产生美丽之物。不管我们乐意与否，人类产生的废物，无论无机或有机，都和我们在城市公园和花园种植的花花草草一样是今日自然的一部分。只有在废墟和它们身处的世界之间建立联系，我们才能对这个人类共同制造的自然进行梳理，与之共存。

七、

重生之城：
利用废弃遗物

2015 年 10 月 29 日到 11 月 21 日之间，美国艺术家西斯特·盖茨（Theaster Gates）的"圣殿"（Sanctum）搭建完成。这是他在英国的第一个公共项目，位于布里斯托，是这个城市作为 2015 年"欧洲绿色之都"（European Green Capital）所举办的一系列文化活动的一部分。[52] 活动在一座临时建筑内举行，建筑材料是从城中曾经的工业和宗教场所清理回收而来。盖茨邀请了来自布里斯托各地的数十名音乐家和艺术家举办一场由音乐、声响和话语组成的演出，整场演出持续了 24 天，总共 576 个小时。[53] "圣殿"设于布里斯托圣殿堂（Temple Church）遗址之内，这座建于中世纪后期的教堂在 1940 年被纳粹德国空军（Luftwaffe）炸毁，仅剩一座残破的空壳——盖茨致力于将原本被视为废物的建筑和材料变成艺术作品。和他之前在芝加哥南部被炸毁的城区里完成的作品一样，盖茨在布里斯托采用的干预手段体现了他的信念，那就是废墟和废物只有经过接纳才能获得改造，重新融入

西斯特·盖茨，"圣殿"，布里斯托，2015年。

常常将其遗忘的城市生活。[54] 这样看来，"圣殿"代表着一种坚定的乐观态度，通过废物利用为城市疗伤，而城市居民却往往视废墟为死亡或衰落的征兆。

废物利用能够以多种方式参与城市事务。首先，它可以是一种政治实践，通过关注废旧材料的再利用来挑战资本主义制造大量废物的本质。其次，它可成为政治抗议的一部分，并且已经在反对全球经济垄断的各种"占领"（Occupy）示威活动中发挥作用。回收废旧材料制作的临时庇护所以及其他住所挑战了世界各地城市空间中与日俱增的安全管控，后者尤其受到"9·11事件"之后诸多城市爆发的大量恐怖主义袭击以及之后的反恐战争的影响。[55] 再次，它可能颠覆自上而下设计建筑的精英主义观念。废物利用意味着由用户替代建筑师设计和建造他们自己的房子，或许还能从数百万人在发展中国家城市周围建造完成的巨大民间聚居区中汲取灵感。最后，任何城市废物都有可能重新回到建造过程中，彻底改变建筑向地球索取胜过给予的态度。将废物纳入建筑可以产生一种拥有深厚潜力的未来城市，扩展我们的思维，思考城市究竟由何种物质构成。

那么要如何彻底重塑我们的态度，去面对城市中我们因惧怕而抗拒的事物？对废弃材料的抗拒仅仅只是这个主题中的一个方面。可以说，对社会"异己"的排斥，无论是在不同人种、族群或经济水平的框架下，都是城市中远比接纳废墟、垃圾或废物更为急迫的议题。所以，在开始接纳这些废弃材料的时候，我们或许要采取行动面对更大的社会恐惧。此处的"接纳"不应和消极忍耐或者玩世不恭混为一谈，相反，它意味着以积极的行动找出遭到排斥的事物，并且向其张开接纳的怀抱。唯有这样的接纳态度才能开启真正的改革进程。除此之外，对于废物的完全接纳与改造也不要和单纯的"回收"搞混，与其将废弃物品重新投入建立在剥削和破坏之上的资本主义体系，我们更应该生产独立于物资周转与积累循环之外的"无用之物"。[56] 这些无用之物实际上更像盖茨的"圣殿"，是一种艺术，而非市场上流通的商品。在城市的废墟中潜藏着失落的梦想——往日的废弃遗物希冀着更加美好的明天。即使像无数后末日虚构作品中想象的那样，我们的未来都市最终将化作一片废土，它们依然可以作为基石，供我们建设更有希望的明天。的确，人们或许只有等到灾难摧毁一切之时，才会受到激励采取行动。正如批评家约翰·伯格（John Berger）的雄辩所言："我们的希望在于，从垃圾中，从散落的羽毛中，从残破的躯体与灰烬中，可以一次又一次地诞生出美丽的新生事物。"[57]

废物利用

　　建筑的废物利用（salvage）又被称为建筑材料的创意再利用（creative reuse）或者"升级再造"（upcycling），是对副产品、废旧材料、无用或闲置的产品加以改造，转化为质量更好或者更加环保的新材料、新产品的过程。废物利用常常创造出独特的建筑美感：饱经风霜的木头、细致喷砂处理过的废旧砖块或石头、锈迹斑斑的金属。在二十世纪八十年代新自由主义更新策略兴起之时，废物利用大为盛行，将发达国家城市中的废弃厂房改造为高端工业风"loft"住宅，[58] 建筑废物利用的魅力在于以积极的态度看待无人问津以及不断老化的材料和空间，认为它们比全新的事物更加"原汁原味"。[59] 在废物利用的狂热爱好者眼中，材料身上的岁月痕迹代表着肉眼可见的历史，然而这种更新策略不过是对过往历史的彻底美化，完全脱离社会历史，特别是在工业建筑改造的过程中，对那些因资金缩减而被迫遣散的住户和员工们采取了视而不见的态度。

　　面对这种对历史的肤浅解读，批评家埃文·卡尔德·威廉斯（Evan Calder Williams）将废物利用重新定义为一种强大的对抗力量，反对将建筑遗产重新打造为时髦空间来提升地产价值的资本主义潮流。他发明了"废物朋克"（salvagepunk）这一概念，认为往日破灭的乌托邦梦想存在于废物世界之中，静待人们再次将其开启。在这种模式下，昔日废墟中孕育的并非体现旧物美学（shabby-chic aesthetic）的商品，而是一种"以超越资本主义为坚定目标的社会关系"。[60] 在威廉斯看来，废物朋克的世界中"没有新建筑，有的只是对其他建筑的占领"。[61] 这种出其不意的观点认为城市本质上是建筑的有机组合，永

莱伯斯·伍兹，"地震之城"，出自《旧金山：与地震共居》，1995 年，纸上石墨与粉彩画。

远不会丧失过去的历史，即使表面因拆除和改建而遭到破坏。这样一来，未来之城总是诞生于过去的废墟之中，它不仅是物质遗产的产物，也是社会遗产的结晶。

"废物朋克"的概念或许刚好适用于前瞻建筑师莱伯斯·伍兹的作品，他从二十世纪八十年代开始绘制了海量的精美画作，试图将通过废物利用产生的建筑呈现在我们眼前。他于 1993 年发表的作品《战争与建筑》（*War and Architecture*）为波黑战争（1992—1995 年）中遭到蓄意破坏的城市而创作，是一部为重建萨拉热窝（Sarajevo）而发表的设计宣言。伍兹在此进一步发展他的"斑点"（scab）与"伤疤"（scar）概念，计划利用废物碎片重建萨拉热窝被炸毁的建筑,重建工作将由市民自主进行,目的是创造新型的"自由空间",培养一种全新的社会秩序,摆脱顽固等级制度的控制。[62] 伍兹用自己的废物利用理念对抗他眼中处理战后破败城市的两种主流趋势:一种是对受损或毁坏的结构进行精心修复,比如近年来复原第二次世界大战前德累斯顿的工作;另一种则源自现代主义的"白板"(tabula rasa)理念,将城市归零,从一块白板开始重新规划。二十世纪九十年代中期,伍兹将注意力转移到另一种破坏性力量上,由此创作了一系列作品,试图提出方案应对旧金山"超级大地震"(Big One)——当时人们传说,在不远将来的某一天,会有一场强度超过八级的大地震袭击这座城市。

和加固现有建筑结构的传统策略截然相反,伍兹设想了一整套由地震本身建设、改造甚至独立完成的建筑——这是"一种利用地震的建筑,将地震释放的能量为人类所用……一种在空间中与地震共存,在时间长河中与地震同在的建筑"。[63] 伍兹的系列画作描绘了他重新定义的概念"地震活动性"(seismicity)中的一些元素。棱角分明的"碎片屋"(Shard Houses)将建造在旧金山湾(San Francisco Bay)西面的码头桩基上,由"从工业废土中回收的碎料"建造而成。当超级大地震袭来,碎片屋脚下的泥土将会液化,将这些建筑变成浮动的房屋。与此同时,"滑行屋"(Slip Houses)坐落在几乎没有阻力的平滑金属硅表面上,摆脱了地壳运动的影响;而"波动屋"(Wave Houses)则由球形关节框架建造而成,能够在地震中重复弯曲与伸展;"断层屋"(Fault Houses)屋如其名,建造于圣安德列斯断层(San Andreas Fault)中,利用地震的能量来塑造建筑的形态;"地平线屋"(Horizon Houses)则反其道而行,"调转方向,将室内空间统一沿地平线方向排布"。伍兹设想中的这座横跨于废弃工厂码头之上的巨型地震之城最终将成为一座没有核心原点的建筑,一座单纯随时间的流逝聚集而成的城市,一波又一波的地震改变着它"不稳定的碎片形态，将曾经被称作'地板''墙壁'或'天花板'的建筑组件重新定义"[64]。以上所有幻想结构似乎都由回收材料组成，无论是老化的木材、弯曲的铁板、废弃的管道，还是其他各种金属板和塑料制品。这种对传统建筑材料的转化正是伍兹的标志性手法，他希望建筑自下而上发展，由使用者组装，而不是被建筑师和施工人员预先搭建而成。对伍兹而言，建筑废物利用不止是为了创造某种特定的美感，某种壮观的重塑形态，还慎重地将建造的权力从建筑师移交到用户手中——这是一种不受秩序控制的建筑，或者如伍兹本人所言，是一种"反建筑"。

在现实世界中，人们自发建造的城市空间很少能像伍兹的画作那样美丽。相反，它们聚集在世上无数发展中国家城市的边缘地带，是卫生环境堪忧的非正规住宅，大多诞生于绝望而非希望之中。到底谁会想住在完全由回收利用的废物建成的房子里呢？伍兹或许将他的回收房屋想象为由市民创造的"自由空间"，想要将其从权威现代主义建筑设下的枷锁中解脱出来；然而他只是一厢情愿地预设人们"会"优先选择流动而自由的城市生活，而不是安全而舒适的传统家园。

伍兹将废物利用等同于自由的想法也体现在威廉·吉布森的"桥梁"（Bridge）三部曲中——《虚拟之光》（*Virtual Light*，1993 年）、《阿伊朵》（*Idoru*，1996 年）和《明日聚会》（*All Tomorrow's Parties*，1999 年）。这三部小说想象了超级大地震后的另一种未来旧金山景象。[65] 串联起整个系列的"桥梁"指的是旧金山的海湾大桥（Bay Bridge），小说中这座大桥在一场名为"小格兰德"（Little Grande）的地震中动摇了根基，遭到遗弃，之后由数千名违建者用回收的废料修复而成。不同于当时旧金山的最高楼泛美金字塔（Transamerica Pyramid）在这场虚拟震灾后必须依靠钢架支撑的命运，海湾大桥已经变成了一座由回收废料组成的奇妙混合物：

"大桥的形态保存完整，保持着现代设计的严谨风范，不过现在桥上的状况已经变成了另一番景象，一切在依照自身的意志发展。修复的工作零零散散地进行，没有固定的计划，采用了所有能想象到的科技和材料，最终产生了一座难以归类的奇怪有机体。夜晚在圣诞灯泡、破旧霓虹灯和火炬的照耀下，这座大桥焕发出一种中世纪的奇异活力。到了白天，大桥从远处看好像英国布莱顿码头（Brighton Pier）的废墟，仿佛在地域特色万花筒的碎片中闪烁的迷幻景象。"[66]

不管采用何种评判标准，吉布森的大桥都绝对算是一座贫民窟，这无疑也是一座与伍兹画作高度契合的乌托邦社区。[67]纵观整个系列的三部小说，大桥的社会生活和实用设施都充满了精彩的细节，跃然纸上。我们沉浸在那些格子间居民的日常生活中，见识到那些临时拼凑的排水和电力输送系统，我们生活在填满大桥每一寸缝隙的无数酒吧、商铺、俱乐部中的疯狂小世界里。吉布森描写的城市无法按照规划行事，甚至无法拼贴出伍兹想象中的形态。大桥社区的建设过程毫无章法，根基薄弱："这个地方刚刚自行'生长'出来，它看上去像打了一块又一块的补丁，直到整个空间都被包裹在一团松散的'布料'之中，没有哪两块布能够互相匹配。"[68]吉布森将这种混乱无序的城市发展形态与商业巨头的设计提案进行对比，后者想要将旧金山改造为自给自足的世外桃源，供超级富豪们享受奢侈生活。这里的关键之处并非建造城市的方式，而是谁有资格制定规则。和伍兹一样，吉布森想要问的是我们是否真的想要将自己的城市交给他人建设，或者我们是否情愿将事情掌握在自己手中，加入那些迫于生计已经开始行动的违建者的行列。

建筑师乔纳森·盖尔斯（Jonathan Gales）眼中的建筑废物利用和伍兹或吉

建设中的伦敦，出自乔纳森·盖尔斯的短片《狂妄》。

布森笔下的废弃结构有着不同的应用场景，那就是一个所有建筑都停滞于未完成状态的虚构未来。在他的动画工作室"十五号工厂"（Factory Fifteen）制作的短片《狂妄》（*Megalomania*，2014 年）中，整个伦敦业已成为一座巨大的工地，其中所有的建筑开发项目都暂时停摆，要么即将走向萧条，要么必须重新启动。[69]在这座仿佛被遗弃的城市中，伦敦眼（London Eye）的巨轮上长出了违建的附属建筑，和吉布森大桥上搭建的装置如出一辙，影片最后出场的巨型摩天大楼实际上是一座庞大的综合体，由各色结构元素组成：脚手架、吊车、装饰面板以及一副混凝土框架。影片的灵感来自在 2007—2008 年金融危机影响下骤然停摆的全球建筑工业，如今的一些标志性建筑如伦敦的碎片大厦、迪拜的哈利法塔在当时被迫暂停建造，更不用说欧洲各地无数正在新建的住宅，《狂妄》故意拉长了建

圣保罗教堂占领活动现场，2011年。

造和建成之间的时间间隔，以此来揭示置身于全球资本潮流波动中的建筑是多么的脆弱。[70]电影将整个城市塑造得好像一片死气沉沉的工地，以此来向我们提出疑问：假如在未来的城市中，烂尾楼不再是特例，而是成为一种常态，我们该如何回收这些残留之物，将其改造为有用之物、宜居之地。

如果说盖尔斯的想象表达了一种直率的政治诉求，呼吁城市居民去重新占领因全球资本主义的间歇性危机而产生的废墟，那么在近年来的占领活动中出现的诸多结构为我们提供了一些创意，设想未来的废物之城在现实中的模样。自2011

年以来，世界各地的许多城市爆发了一系列游行示威活动，以占领公共空间为主要手段，占领活动有时长达几个星期，直到市政部门采取行动驱散这些示威者。[71] 在纽约和伦敦这些城市的占领活动中产生了一些临时城市社区，以"权宜建筑"（makeshift architecture）为特色形式：其中最为醒目的是扎堆搭建的帐篷，还包括桌子、椅子，甚至是由废弃木头和塑料建造的图书馆，配合随意拼凑的卫浴装置来保证现场和居民的清洁。[72] 在以上这些例子中，建筑元素注入城市示威活动，从废弃物中孕育出临时的形态和灵活的构造，这与传统城市设计理念中正在筹划和实施的稳妥发展模式大不相同。占领活动中流动而多变的组织方式表明，结合社会媒介的精神追求和资本主义的物质遗产，或许可以产生形式灵活、反应迅速的未来城市，这正是威廉斯、伍兹和吉布森想象中的"废物朋克"。

贫民窟

如今有数十亿人居住在发展中国家城市中超过二十万座非正式聚居区（informal settlements）里，也就是我们平时所说的"贫民窟"中，如果说在一些人眼中，建筑中的废物利用拥有建造乌托邦世界的潜力，那么对这些贫民窟居民来说其意义则大不相同：这些回收建筑是人们最后的家园，是南方国家高速城市化进程中住房短缺问题造成的恶果。[73] 这些非正式住宅区有着各种本土称谓，稍举几例，就有巴西的"法维拉"（favelas）、哥伦比亚的"巴里奥"（barrios）、印度的"布斯提"（bustees）或者秘鲁的"加耶赫尼"（callejones）等。无论怎么称呼，它们都有着统一的特点：自行建造的房屋，多数为违章建筑，缺乏卫浴、供水和垃圾处理等基本市政设施。非正式聚居区的形象往往与合乎规划的城市区域大不相同，以至于其中一些像孟买市中心的亚洲最大贫民窟"达拉维"（Dharavi）这样的地方已经成了游客旅途中的必到之处。达拉维在丹尼·博伊尔（Danny Boyle）由穷至富的电影童话《贫民窟的百万富翁》（*Slumdog Millionaire*，2008 年）中出镜之后声名大振，影片中生动的描绘将达拉维塑造成了一个集强大活力与极端粗鄙为一身的地方。在达拉维和城市其他区域接壤的边缘地带，这些自建结构组合成一片迷你的棚户摩天楼——无数木质立面饰板、金属波纹板、砖墙以及随意拼凑的窗户和污水管形成了一种混乱的形态，既令人着迷，又使人望而却步。

虽然有的非正式聚落像达拉维一样位于中心市区，但是大多数都散落在城市边缘，通常围绕着过去的核心城区而建。而在加拉加斯、金沙萨和马尼拉等城市中，

达拉维非正式聚居区边缘地带，位于孟买。

贫民窟在人口和面积上都远远超过了城市中心地带。城市批评家迈克·戴维斯（Mike Davis）指出，如果联合国城市观测站（UN Urban Observatory）的预测正确，那么到了 2020 年，全球城市人口总数中会有将近一半居住在非正式聚落里，这样的话，未来城市尤其是那些发展中国家各地的新兴超级都市将不再由玻璃和钢铁构成，而是：

"粗制滥造的砖头、稻草、回收塑料、水泥砌块和废旧木材。二十一世纪的许多城市不再由直冲云霄的高楼大厦组成，而是陷入脏乱之中，沉浸在污染、垃圾和衰败里。" [74]

　　如果说戴维斯这样的批评家是在直白地谴责导致如此糟糕城市环境的政治、经济和社会背景，那么另一些人则认为非正式聚落必须获得接纳，成为新型城市环境的一部分，因为无论我们是否希望，它们都很有可能会在未来城市中继续扩张。[75]如英国记者贾斯廷·麦阔尔克（Justin McGuirk）所言，虽然全球资本主义以接纳贫民窟之名，行嘲讽国家和市政府在处理城市贫民居住问题时虚弱无力之实，也无法掩盖非正式聚落所表现出的非常丰富的创造潜力，这里建设着"独特的自我调节体系……和紧密合作的社区，是获取城中机遇的关键之地"。[76]在代表现在

《极乐空间》（2013 年）中变成巨型非正式城市的未来洛杉矶。

与未来两个世代的建筑师和城市规划师眼中，贫民窟的"复兴"（rehabilitation）或许意味着我们需要学习如何将其作为一个整体融入城市，"产生联系与流动，而沟通和参与过程中的点滴感受将会化解人们在疏离和冲突中划下的清晰界限"。[77]

实际上，反乌托邦城市描写的一个重要作用就是提醒我们，假如阶层之间的联系被切断，贫富之间的差距不减反增，世界将会变成什么模样。如果说电影《超世纪谍杀案》（1973 年）、《机械战警》（Robocop，1987 年）和《环形使者》（2012 年）中分别描绘了纽约、底特律和堪萨斯这些充斥着贫穷非正式聚落的美国都市，那么《极乐空间》（*Elysium*，2013 年）中的洛杉矶则干脆在 2159 年变成了一整座贫民窟之城，而往日的旧城则迁入了太空中一座环绕衰落地球运行的高科技乌托邦聚落。《极乐空间》部分取景于墨西哥城边境的"伊斯塔帕拉帕"（Iztapalapa）非正式聚落，呈现出一座真实与虚构交融的未来都市：电脑特效将洛杉矶中央商务区的高楼转化为一座非正式建筑的混合体，和吉布森《虚拟之光》中的"大桥"社区颇有几分相似之处。在少数富人撤离之后，这些曾经作为权力化身的标志性建筑由残余的穷人改作他用。像观众所期待的那样，在电影的结局中太空殖民地的精英阶级和洛杉矶城的无产阶级最终高尚地握手言和，却从未明说这种野蛮的割裂起初因何而起，又是怎样发生的。

迪蒂尔·马德克-琼斯（Didier Madoc-Jones）和罗伯特·格拉夫斯（Robert Graves）的艺术项目"来自未来的明信片"（Postcards from the Future）中有一部分作品以别样的方式描绘了贫民窟式的未来城市，这些创作于 2010 年的一系列数码影像展示了未来伦敦如何适应上升的海平面和大规模涌入的外来移民。[78] 艺术家使用大量图片展示了特拉法加广场（Trafalgar Square）、白金汉宫（Buckingham Palace）和诺曼·福斯特（Norman Foster）的"小黄瓜"大楼等城市现有空间将来可能被气候难民（climate refugees）改造为非正式聚落的场景，艺术家将这些聚落称为"棚户区"。虽然这些图像将南方国家中"异国风情"贫民窟的东方化的行为令人不快，却还是将正统而排外的传统城市与饱受非议的另类之城进行了精彩对比，促使我们质疑二者为何从一开始就有如此巨大的差别。[79] 最后，在美国摄影师诺亚·阿迪斯（Noah Addis）尚未完成的系列作品"未来城市"（Future Cities）中，艺术家用照片简单记录了孟买的达拉维贫民窟等世界各地非正式聚落中的结构和设施，认为这些社区本身便是一种明鉴，

基本元素建筑事务所，"金塔蒙罗伊公屋"项目，智利伊基克。

告诉我们如何更加尽职尽责地进行未来的城市规划和可持续发展。[80]

　　近年来，一些建筑师和城市规划师发展出了一套针对贫民窟的社会运动手段，主张以接纳代替质疑。位于智利圣地亚哥的"基本元素"（Elemental）和位于加拉加斯的"城市智库"（Urban Think Tank）等建筑事务所旗帜鲜明地挥别现代主义所强调的自上而下的规划以及贫民窟清除运动，建造示范性项目，宣扬他们在自己家乡和世界其他角落发现的那种珍贵的非正式状态。由亚历杭德罗·阿拉维纳（Alejandro Aravena）领导的基本元素建筑事务所从 2003 年开始在智利北部的城市伊基克（Iquique）设计并建造了 93 栋房屋，这就是"金塔蒙罗伊公屋"

迪奥尼西奥·冈萨雷斯，新太阳城二号，2006 年。

项目（Quinta Monroy project）。设计的创新之处在于，每一座住宅都仅以半完成状态交付，所以 93 块土地中的每一块土地上都伫立着一座整齐的混凝土框架建筑，建筑只建成了屋顶、厨房和浴室，居民自己的责任是扩建这些结构，完成整栋房屋。[81] 乍看之下这是建筑师在冷漠地推卸自己的责任，实际上过了一段时间之后，这里诞生了一种杂糅正式与非正式元素的混合建筑，原先光秃秃的混凝土核心结构如今已经填满了一排排五颜六色的胶合板、木板、石膏板以及其他各类材料。

  迪奥尼西奥·冈萨雷斯（Dionisio González）的"法维拉"系列影像再造（photographic constructions）作品进一步扩展了这一理念，拍摄了巴西法维拉贫民窟建筑中奇妙的多层混合结构，画面中又吸收了许多更有秩序的设计元素，似乎受到了建筑师弗兰克·盖里（Frank Gehry）或扎哈·哈迪德（Zaha

Hadid）作品中常见的夸张几何体的启发。[82] 冈萨雷斯的照片拼贴质疑了关于贫民窟的传统观念，后者视贫民窟为缺乏建筑设计风范的混乱大杂烩。[83] 这些图像中层层累积的结构和达拉维贫民窟中的真实建筑惊人地相似，迫使我们思考正式与非正式形式之间可能产生的火花。这同样也是一种"关于世界未来都市的初步设想，当全球发达国家与发展中国家开始不断融合，互相碰撞，建筑的形态将会模糊、瓦解，最终自行重建为一种不同以往的新事物"。[84]

在正式与非正式的碰撞中，有一座建筑向我们预示了一种"别的可能"，那就是位于加拉加斯的"大卫塔"（Torre David）。从 2007 年 9 月至 2014 年 7 月，加拉加斯市中心的一座未完工的 52 层高楼成为 3 000 名违建者的家园，他们占领了这些原本应该成为商业区高级办公室的空间，改建为自己的公寓、商店和其他附属空间。城市智库事务所制作了一部影片和一本书记录了这些违建者的故事，并在 2010 年威尼斯双年展上展示了这些成果，[85] 对大卫塔的占领行动是总统乌戈·查韦斯（Hugo Chávez）的政策导致的直接后果，这些政策鼓励弱势阶层占用城市中过剩的闲置资产。[86] 查韦斯于 2013 年意外死亡，政府班底因此进行了换届重组，违建者最终于 2014 年被迫驱逐出塔，这座大楼后来经过翻修后恢复了原先的办公功能。[87]

这场占领活动始于 2007 年，难民从加拉加斯城市边缘的巴里奥贫民窟涌入，抓住机会占领了市中心这座因为开发商于 1993 年死亡而一直未能完工的大楼。和大多数拉丁美洲城市一样，加拉加斯的贫民一般很难在市中心找到容身之处，这也严重阻碍了他们在城市核心区域获得工作岗位。起初大卫塔仅仅修建了一座光秃秃的混凝土框架和缺乏防护的楼梯间，还远远达不到可以居住的标准，数年之后，违建者们已经将它改造成了自己的家园，使用混合了镂空砌块、砖头、床单、

大卫塔，委内瑞拉加
拉加斯，2008 年。

纸板、塑料和报纸的材料来填充这些空间，创造出一种正式与非正式形式的精彩组合，这座大楼的许多照片都体现了这一点。贾斯廷·麦阔尔克将大卫塔与勒·柯布西耶 1914 年设计的"多米诺屋"（Dom-Ino House）进行对比，当时这位初出茅庐的现代主义建筑师试图售卖由买家自行填充墙体的两层楼混凝土框架结构，最后却以失败告终。[88] 这样看来，大卫塔意外地成了一座"可变建筑"（flexible architecture），一种建造模式，这种模式让"市民……补完城市与建筑"，让建筑永远处于"半成品状态"，消解了正式与非正式之间的界限。[89] 如此一来，这栋原本应该成为金融资本化身的建筑临时变身为社会资本的象征——这至少暂时推翻了第四章中提到的高楼特有的"竖向疏离感"，对空间进行了"横向再分配"。[90]

城市智库事务所坚信这场大卫塔占领活动提供了一种强大的模式，可以提高建筑的灵活可变性，从而面对日益混乱与动荡的未来。他们自己的"成长型住宅"项目（Growing House）实际上正反映了这一点，项目受加拉加斯的圣公会教堂（Anglican Church）委托，从 2003 年到 2005 年建造完成。[91] 城市智库事务所受托为教区居民设计一套应急住房体系，但是却缺乏可用土地，建筑师于是另寻他法，决定在现有建筑楼顶建造一座二层楼混凝土框架，允许居民在框架内建设自己的公寓。[92] 场地中同时还提供一些社区公共空间，包括幼儿园、咖啡厅、会议室和零售商店。如城市智库所言，这个项目"效仿了发展中的'自助型住宅'（self-help housing）模式，又为确保用户驱动型方案的实施设置了一个安全的框架体系"。[93]

在英国，建筑创意团体"集合"（Assemble）以完全不同的方式将用户参与的理念应用于他们在利物浦的"格兰比四条街"（Granby Four Streets）项目，这是一片受 1981 年城市暴动严重影响的街区，当初设计的再开发计划从未真正付诸实践。为了和居民一起保护这些破败的维多利亚式排屋（Victorian terraces）免受拆除，"集合"团队深入参与其中，挨家挨户地进行街道翻新工作，提供街道家具，组织并支持各类草根运动，比如落实供成员买卖手工家居用品的当地市场以及工作坊。[94] 项目中不断产生新的城市更新策略，这和大多数由开发商主导的社会活动形成了鲜明对比，后者推行的更新建设必将导致城市的士绅化[①]（gentrification），而原有住户也会因租金上涨而被迫迁离。利物浦的维多利亚式排屋中的生活看似和大卫塔中的都市贫民生活大相径庭，二者背后的原理却是一致的：它们赋予建筑使用者自定义建筑的权利，建筑师实际上是建筑形式与功能的协调者，而非掌握生杀大权的决策者。这样一来，建筑获得了创造性、可变性和丰富性，用户可以在这里真正创造出最早由莱伯斯·伍兹于二十世纪九十年代提出的"自由空间"。当然，不管是大卫塔还是格兰比四条街项目，看上去都和伍兹嶙峋又美丽的画作没有半分相似之处，但它们同样在正式与非正式的碰撞中产生，创造了一种现代主义建筑师所厌恶的混乱美学，从中却体现出一种乌托邦式的社会愿景，那就是放下成见，接受这种危险的不确定性，将其视为城市生活的重要组成部分。[95]

①士绅化：此概念由英国社会学家卢斯·格拉斯（Ruth Glass）于1964年首次提出，描述中产阶级迁入曾经作为工人阶级居住区的内城，城内住房随之更新并由租赁变为私有化，生活成本上涨，社会阶层重构的过程。

废物

　　城市的的确确建立于自身的废墟之上。随着建筑物被拆毁又重建，路面一层又一层地重新铺设，新的房屋伫立于地底旧建筑的瓦砾之上，城市的地面实际上在不断升高，这说明像伦敦这样古老的城市地下埋藏着丰富的考古资源，那就是城市本身层层累积的往日残骸——用丽贝卡·索尔尼特的话说，这是一座"记忆的废墟"。[96] 在这个由消费资本主义主宰的时代，废弃物正在不断积累增长，扩大规模，有些非正式聚落甚至真的伫立其上，比如贝鲁特城外的"垃圾贫民窟""卡兰提纳"（Quarantina）、喀土穆外部的"希拉特库沙"（Hillat Kusha）、墨西哥城里的"圣塔克鲁斯"（Santa Cruz）和加尔各答郊外的"达帕"（Dhapa）垃圾场。[97] 这些不知名的地方不仅揭露了世界上最贫困的城市居民身处的绝望困境，还有如今世界各地城市中难以想象的巨大废物产量：我们每年排放约 13 亿吨废物，这个数字预计将于 2025 年达到 22 亿吨。[98] 自二十世纪八十年代以来，西方的城市政策十分重视回收利用，这往往令人感到自满，于是无视挥霍无度的消费资本主义产生的更严重后果。与此同时，在那些贫穷的非正式聚落中，由地方政府或私人公司执行的处理措施最多只能清除其中的一部分废物，社区当中垃圾依旧堆积如山。[99] 事实上，尽管到处都在进行垃圾回收，许多因富有而产生的废物，包括有毒的电子垃圾，最终都将堆积在这些贫苦的地带，世界上 34 个最富有的国家正生产着比其他 164 个国家加起来还要多的固体废物。[100]

　　为城市固废寻找合适填埋场所的任务日益艰巨，一些建筑师因此开发了一些将填埋场与建筑相结合的方法，这与国际零废弃联盟（Zero Waste

地球平台一号组织，"废物速用"计划，2010 年。

International Alliance）以及麦克阿瑟基金会（MacArthur
Foundation）等组织所推崇的基于封闭物资循环系统（closed
resource cycle）的未来生产理念不谋而合。《变废为筑》
（*Building from Waste*）一书中记载了各种各样的设计策略，
总的来说包括五种主要手段：第一种，使用垃圾压缩机增加
废旧材料的密度，将其压制为建筑砌块；第二种，对废物进
行处理，制造瓦片、砖块或饰板等新的建材；第三种，改变
废弃材料的分子结构并将其与其他成分混合，比如使用回收
的卫生用品制造的"尿布纤维屋顶"（Nappy Roofing）；
第四种，发明可以再次利用，无须丢弃的产品，比如"联合瓶"
（UNITED BOTTLE），它是一种可以作为建筑材料回收利
用的塑料容器；第五种，对降解过程中的各种因素进行控制，
从而培育一种"自生长"建筑，比如本书第一章中曾经探讨
过的生态岩石就是一种依靠细菌进行自我修复的混凝土，还
有"菌丝泡沫"（Myco Foam）这种由农业废料和真菌菌丝
结合而成的发泡材料。[101]

　　建筑师、企业家米切尔·乔希姆（Mitchell Joachim）
则更进一步，在他的"地球平台一号"（Terreform ONE）
组织设计的"废物速用"［Rapid Re(f)use］计划中提出利
用纽约城的废弃材料建造城中所有摩天大楼。[102] 根据乔希姆
的观察，如今曼哈顿的居民每两周废弃的纸制产品足以填满一
座帝国大厦，"废物速用"项目将在收集这些材料之后借助自

《机器人总动员》中的废物高楼。

动化 3D 打印技术进行快速处理，为建造新的摩天大楼制造建筑砌块材料。[103] 这些
自动化过程将以现有的工业化固废压缩技术为基础，除此之外，它们还有一种更
加异想天开的技术，灵感来源就是迪士尼/皮克斯（Disney/Pixar）动画《机器
人总动员》（WALL-E，2008 年）中的垃圾回收机器人。影片中的未来地球已
经被人类彻底遗弃，贪婪的消费主义产生的垃圾毁灭了地球，又随人类的迁徙转
移至太空殖民地之中。在电影中貌似纽约的未来城市中，和影片同名的机器人瓦
力（WALL-E），也就是所谓的地球版垃圾分类起重机器人（Waste Allocation
Load Lifter: Earth-Class robot），被留在地球上孤身一人收集并压缩人类遗留
的无数废物，正是这些废物让这座城市和整个世界变得不再适宜人类居住。瓦力
一边收集那些能够满足它人类世怀旧情绪和收集整理癖的废旧材料，一边用废品

压缩块建造起了新的高楼大厦，最终为城市中逐渐走向破败的高楼风景创造了新的天际线。乔希姆曾解释道，电影上映时，他刚好在构思自己的"废物速用"计划，于是电影的创意被他的设计团队"深度植入研究过程之中"。[104] 不过，乔希姆的提案中想象的未来之城"没有一根排气管"，或许应用了麦克阿瑟基金会提出的零废弃封闭循环系统，却回避了《机器人总动员》影片中传达的主旨：贪得无厌的消费主义或许无法承受它在将来可能制造的大量废物，饱受期待的封闭循环系统实际上不过是资本主义制造的一种假象。[105] 任何一个物理学家都能告诉我们，世上并没有完美的能量转化方式，转化的过程中总有一些东西会发生损耗，产生废物。与其考虑将废弃物制成的产品融入未来的建筑，不如在建造中对废物制品本身的成因予以关注，换句话说，废物产品原本并无必要，却在资本积累的过程中，在不利于可持续发展的意识形态作用下，成了不可避免的宿命恶果。

为了解决资本主义废弃物的难题，小说集《元城市》（*Metatropolis*，2009年）中的故事对明日都市与自然之间，人造物与有机体之间的关系进行了重新思考。这些故事由五位作者共同撰写，属于为发展未来城市共同愿景而进行的"世界观建设"活动的一环，这些故事将主导产品制造与废物生产的资本主义模式进行了彻底的颠覆。[106] 于是，在杰伊·雷克（Jay Lake）的小说中，未来之城"卡斯卡迪亚波利斯"（Cascadiopolis）隐藏在华盛顿的森林中，就在波特兰与温哥华之间，一部分建立在"俄勒冈喀斯喀特山脉"（Oregon Cascades）古老火山活动中遗留下来的"玄武岩骨架"上，另一部分蜿蜒穿梭于树林之间。城中混居着的生物技术工程师和第三代嬉皮士以激进的方式收集自然资源：比如他们利用萤火虫的基因制造照明工具，从水流和弹簧中获取能量，以微型培养基中种植的转基因真菌和蔬菜为食。[107]

《元城市》的另外两个故事均设定在近未来的底特律，将城中的废弃建筑改造为有机生产基地。第一篇是托比亚斯·巴克尔（Tobias Buckell）的"随机之城"（Stochasti-city），极端环境主义者占领了下城区的废旧高楼，将其改造为垂直城市农场：这是真正的可持续建筑，不去回收它们"先辈的遗物或者搜刮眼前的利益"，而是要从根本上动摇"已有的根基"。[108] 第二篇伊丽莎白·贝尔（Elizabeth Bear）的小说则讲述了底特律另外一栋废弃楼房转型为一个独立社区的故事。社区中的居民全靠挖掘垃圾填埋场和废品处理场获取建造城市和建立永续农业体系所需的原料。在回收利用废物的过程中，这个新生的社区没有依靠金融资本，而是利用社会资本，通过分享技能来发展集体经济，以此来反对资本主义经济对自然资源的剥削。[109] 这些故事中描述的废物处理手段远比米切尔·乔希姆用回收废纸建造摩天楼的提案更加激进，因为它们设定了全新的社会与经济生产模式。它们所面临的挑战不只是资本主义经济体系中的废物生产模式，还有改变整个城市的建造和居住方式来孕育全新思想的使命。

更加奇异的城市废物改造思想当数柴纳·米耶维在 2000 年的小说《帕迪多街车站》中描绘的幻想都市"新科罗布森"，这在本书第三章中曾有介绍。新科罗布森是作者在幻想中重塑的伦敦城——维多利亚时代伦敦与现代都市的拼贴，其上叠加着开罗或孟买等城市的随意风格。[110] 城中满满当当地混居着普通平民以及人类与动物的混合体，例如半人半甲虫的"凯布利"（khepri）、半人半鹰的"迦楼罗"（garuda）、半人半蛙的"佛迪亚诺"（vodyanoi）；此外还有"再造人"，这是一种面目可憎的底层人类，被统治者植入机械、动物或其他有机体改造而成。这种极端的混合性也反映在新科罗布森的建筑环境中，特别是在城中像"多格费恩"（Dog Fenn）这样的贫民窟中，建筑仿佛随机地拼凑在一起——"倚靠在墙上的梯子某天就成了通往新楼层的楼梯，惊险地悬挂在两片摇摇欲坠的屋顶之间"。[111] 在凯布利人统治的"金肯"区（Kinken），这些人类 / 甲虫混血的幼虫后代住在看似由建筑师设计的传统房屋中，实际上却已经改变了建筑的内部构造，它们钻进墙体中，"从腹部分泌水泥黏液"，分泌物日积月累，"将建筑黏合成一个凝固的整体"。[112]

如果说废物似乎只是融入了新科罗布森的建筑中，那么在城市边缘的"扭转格里斯"（Griss Twist）垃圾场，废物则是以独立自主的智能形态出现。小说的主人公艾萨克（Isaac）和他忠心耿耿的朋友们在这儿偶然遇见了"建造委员会"（Construct Council），一个从整个城市的残骸中自行组装而成的人工智能体。这个生物的躯壳完全由垃圾组成：一副"巨大的工业垃圾骨架，从头到脚高达二十五英尺"，四肢用"偷来的发动机零件"制成，整个身体的"拼接和驱动完全不需要依靠人类的帮助"。[113] 在面对经过生物工程改造而成的"食灵蛾"（slake-moths）的威胁时，建造委员会无意中看到了拯救城市的最后一丝希望，那就是重新将新科罗布森的隐秘废墟与城市的生活网络相连。米耶维自始至终都认为通过"混合"可以产生强大的力量，将城市与它想要丢弃的物质联合在一起。小说中的大反派"莫特里先生"（Mr. Motley）已经自我改造为一个终极混合体，一件由人类、动物和机器组件混合而成的杰作，如莫特里先生所言，"正是'转化'的力量创造了这个世界。在'转化'之中，一物可以化作他物。'转化'创造了你，造就了城市，成就了世界，一切尽在'转化'之中"。[114] 将城市的残余与城中的建筑或者居民的身体结合之后，米耶维设计了一个没有废物的世界。然而这个世界并非零碳推崇者们想象中整齐、高效、封闭循环的永续之城，刚好相反：这是一个观之心忧、感之可怖的混乱之地，在这个地方，区分废物与否的界限已经完全消失。

　　米耶维的奇异城市所强调的混合性恰好呼应了本章的主旨：城中废物，无论废弃建筑、非正式聚落、残余垃圾或者废弃材料，最终都将融入城市环境之中，融入这个产生了它们又驱逐了它们的地方。通过回收利用，废旧建筑材料自发地形成了建造城市的基础，产生了一种短暂又灵活的建筑，能够容纳城市中的"中介空间"（in-between spaces）——这是一种顺势而为的"反建筑"。这类建筑也许会成为未来城市的必备要素，尤其是在城市居民即将面临多重威胁的前提下，这些威胁来自气候变化、恐怖主义、城市战争，还有仿佛无休无止的社会分化。若我们与现在仍占据着某些发展中国家中心市区的非正式聚落共处，便可孕育出更加团结、更少分化的城市形式。即使这种方式一定会令未来的城市更加混乱，其回报却是创造一个更加公平的社会，这显然比任何美学或秩序的考量更为重要。最终，废物与城市的融合令城市残骸与那些当初孕育了它又抛弃了它的种种力量重新相遇。简而言之，将城市与废物联系在一起，即意味着对废物的本质与历史的全面复盘，揭示它不为人知的故事，带它重回城市环境，尽管此举必将留下一片狼藉。

　　城中融合的事物越多，城市的未来便更加多元。每一个虚构城市都有其现实参照，二者其实本质相通，这是因为幻想之物总是源于真实世界，从古到今皆是如此。我们曾经太过轻易地断言二者之间的敌对关系，认为要么是想象的世界不切实际，要么是务实的行动束缚了想象，这是理想主义与实用主义之间争论已久的话题。不过，若我们有心布局，便总有机会建立千丝万缕的联系。这并不是说幻想者与务实者能够同床共枕，相安无事，事实远非如此，但冲突与矛盾并不一定会导致隔绝。这些矛盾冲突撕扯着我们的城市社会与个人思想，又告诉我们冲突是和解的必经之路，没有人能够绕道而行。或许最快的前进方式不过是给予想象机会去完全展现自身的丰富内涵——去彻底地发挥它所孕育和展现的无限潜力。这样一来，各种意想不到的联系将会浮出水面，让日常生活与幻想世界更加深入地交织在一起。

为想象创造繁荣发展的条件，从想象中获得城市设计的启发，这两点都并非易事。其实城市幻想发展最快的时候似乎正是城市面临最为艰巨的挑战之时，无论这些挑战来自气候变化、社会分化、战争还是废物。只有诚心直面大难当头之时眼前生活的脆弱，才能实现我们所亟须的未来城市转型；或许只有彻底地承认这些威胁的破坏力，尤其是接受它们对未来的潜在影响，我们才能真正增强应对危机的韧性。我们首先必须心甘情愿地与危机相处，将具有威胁之物融入我们对未来的设想，无论这个过程多么令人不适。如此一来，我们便不必向宿命低头，或者自暴自弃放弃美好未来，我们反而会出于自愿，放下防备，与人类精神中潜藏的丰富、奇特而又混乱的本性合作共处。若是采取如此行动，我们便会进入建筑师、艺术家和小说家所在的同一个世界：这是一个令人兴奋又害怕的世界，这里一切皆有可能，只要我们为此创造足够的空间。这种合作共处正是我们创造美好未来城市的希望，因为它能够让想象从孤独先驱或怪异天才的领域来到人群之中——这一步将释放想象的力量，深入世俗的生活，为所有人带来实现真正转型的希望。

注释:

1. "城市谋杀"这一概念最早由城市理论学家玛莎·伯尔曼（Marshall Berman）提出，参 见 "Falling Towers: City Life after Urbicide", in D. Crow, ed., *Geography and Identity: Exploring and Living Geopolitics of Identity* (Washington, DC, 1996), pp.172—192。

2. "9·11"事件后的末日电影为数众多，仅 2016 年一年就有 *Pandemic, The Girl with All the Gifts, The 5th Wave, The Worthy and Resident Evil: The Final Chapter*。末日电脑游戏包括 *The Last of Us* (2013—)and the *Fallout series* (1997—)。"毁灭的欲望"展览见 Brian Dillon, *Ruin Lust: Artists' Fascination with Ruins, from Turner to the Present Day* (London, 2014)。

3. 见 Stephen Cairns and Jane Jacobs, *Buildings Must Die: A Perverse View of Architecture* (Cambridge, MA, 2014), pp.1—2。

4. Rebecca Solnit, "The Ruins Memory" (2006), in *Storming the Gates of Paradise: Landscape for Politics* (Berkeley, CA, 2007), p.352。

5. 城市蔓延的历史见 Robert Bruegmann, *Sprawl: A Compact History* (Chicago, IL, 2005), and David C. Soule, *Urban Sprawl: A Comprehensive Reference Guide* (Westport, CT, 2005)。

6. 见 Eric Hilare and Nick Van Mead, "The Great Leap Upward: China's Pearl River Delta, Then and Now", *The Guardian*, 10 May 2016, guardian 网站。

7. 基斯勒的作品见 Stephen J. Phillips, *Elastic Architecture: Frederick Kiesler and Design Research in the First Age of Robotic Culture* (Cambridge, MA, 2017)。

8. 关于新巴比伦见 Trudy Nieuwenhuys, Laura Stamps, Willemijn Stokvis and Mark

Wigley, *Constant: New Babylon* (Berlin, 2016)。

9. William Gibson, *Neuromancer* [1984] (London, 1995), pp.62, 90—91。

10. 关于超级城市一号见 Abbott, *Imagining Urban Futures*, p.63, and Darran Anderson, *Imaginary Cities* (London, 2015), pp.82—83。

11. 见 Andrzej Gasiorek, *J. G. Ballard* (Manchester, 2005), pp.101—103。巴拉德描写未来城市生活的其他著名作品包括短篇故事 "The Overloaded Man" (1961), "Billennium" (1961), "The Subliminal Man" (1963) and "The Ultimate City" (1976), as well as the novels *The Drowned World* (1962), *The Burning World* (1964), *High-Rise* (1975) and *Hello America* (1981)。

12. J.G. Ballard, "The Concentration City" (1957), in *The Complete Short Stories of J. G. Ballard* (London and New York, 2010), p.23。也可见 Gasiorek, *J. G. Ballard*, pp.101—103, and Abbott, *Imagining Urban Futures*, p.153。

13. Ballard, "The Concentration City", pp.27—28。

14. Clare Sponsler, "Beyond the Ruins: The Geopolitics of Urban Decay and Cybernetic Play", *Science Fiction Studies*, xx/2 (1993), p.262。

15. 见 Tsutomu Nihei, *Blame! Master Edition* (New York, 2016)。图像小说最初由 Kodansha 以十卷本形式于 1998 年至 2003 年在日本出版。

16. 关于九龙城寨 Ian Lambot and Greg Girard, *City of Darkness: Life in Ko-wloon Walled City* (London, 1993)。

17. 见 Robert Harbison, *Ruins and Fragments: Tales of Loss and Rediscovery* (London, 2015)。

18. 皮拉内西的作品见 Luigi Ficacci, ed., *Piranesi: The Complete Etchings* (London, 2016)。

19. 关于皮拉内西对索恩的影响见 John Wilton-Ely and Helen Dorey, eds, *Piranesi, Paestum and Soane* (London, 2013)。

20. 关于阿斯特利城堡项目见 Amy Frearson, "Astley Castle Renovation wins RIBA Stirling Prize 2013", *Dezeen*, 26 September 2013, dezeen 网 站; on the dovecote project, 见 Chris Barnes, 'The Dovecote Studio by Haworth Tompkins', *Dezeen*, 14 February 2010, dezeen 网站。

21. 见 Karen Cliento, "Kolumba Museum", *Archdaily*, 6 August 2010, archdaily 网站。

22. 空中武器发展过程以及它对城市的影响可以参见 Kenneth Hewitt, "Place Annihilation: Area Bombing and the Fate of Urban Places", *Annals of the Association of American Geographers*, LXXIII/2 (1983), pp.257—284。

23. 关于中国人思考废墟城市的传统见 Wu Hung, *A Story of Ruins: Presence and Absence in Chinese Art and Visual Culture* (London, 2012), pp.18—19。

24. 见 Alexander Regler, "Foundational Ruins: The Lisbon Earthquake and the Sublime", in *Ruins of Modernity*, ed. Julia Hell and Andreas Schonle (Durham, NC, and London, 2010), pp.357—374。

25. 在英国背景下参见 David Skilton, "Contemplating the Ruins of London: Macaulay's New Zealander and Others", Literary London Journal: Interdisciplinary Studies in the Representation of London, 11/1 (2004); 在美国背景下参见 Nick Yablon, Untimely Ruins: An Archaeology of American Urban Modernity (Chicago, IL, 2009), pp.147—152。

26. 关于后世界末日电影中"英雄"比喻的出现见 Mick Broderick, "Surviving Armageddon: Beyond the Imagination of Disaster", *Science Fiction Studies*, xx/3 (1993), pp.362—382。

27. 考文垂教堂见 Louise Campbell, *Coventry Cathedral: Art and Architecture in Post-war Britain* (Oxford, 1996); 威廉皇帝纪念堂及德国的其他战争遗迹参见 Rudy Koshar, *From Monuments to Traces: Artifacts of German Memory, 1870—1990* (Los Angeles, CA, 2000)。

28. "征兆"系列的所有画作都可以在艺术家官网上浏览。

29. Solnit, "The Ruins Memory", p.351。

30. 见 Gill Perry et al., *Deanna Petherbridge: Drawings and Dialogue* (London, 2016)。这本作品集在佩瑟布里奇于 2016 年 12 月 2 日到 2017 年 6 月 4 日在曼彻斯特的惠特沃斯美术馆 (Whitworth Art Gallery) 举办的大型展览期间出版。

31. Deanna Petherbridge, "The Impossibility of Landscape", in Perry et al., *Deanna Petherbridge*, p.101。

32. 引自 Martin Clayton, "Petherbridge and the Art of the Past", in Perry et al., *Deanne Petherbridge*, p.67。

33. 关于艺术家们在底特律废墟的活动和创作见 Paul Dobraszczyk, *The Dead City: Urban Ruins and the Spectacle of Decay* (London, 2017), pp.149—188; Dora Apel, *Beautiful Terrible Ruins: Detroit and the Anxiety of Decline* (New Brunswick, NJ, 2015), pp.101—112; Michel Arnaud, *Detroit: The Dream Is Now* (Detroit, MI, 2017); and Julie Pincus and Nichole Christian, *Canvas Detroit* (Detroit, MI, 2014)。

34. 关于底特律的衰败情况，最具说服力的统计报告是 Thomas Sugrue's *The Origins of the Urban Crisis: Race and Inequality in Postwar Detroit* (New York, 1996)。

35. 海德堡计划始末参见其网站。

36. 霍金的作品可见艺术家官网、杂志特刊 *Detroit Research*, 1 (2014)；以及 Dobraszczyk, *The Dead City*, pp.180—183。

37. 例见 Apel, *Beautiful Terrible Ruins*, p.106。

38. Sigmund Freud, *Civilization and Its Discontents* [1930], trans. David McLintock (London, 2002), p.9。

39. 见 Dillon, "Introduction", *Ruin Lust*, p.14。

40. 这篇文章还配有史密森的摄影作品，最初名为 "The Monuments of Passaic", *Artforum* (December 1967), pp.52—57。

41. 见 Dobraszczyk, *The Dead City*, pp.189—213, for an investigation of new ruins in Spain, Britain and Italy。

42. Philip K. Dick, *Do Androids Dream of Electric Sheep?* [1968] (London, 1972), p. 20。

43. 见 Anirban Kapil Baishya, "Trauma, Post-apocalyptic Science Fiction and the Post-human", *Wide Screen*, 111/1 (2011), pp.1—25。

44. 见 Abbott, *Imagining Urban Futures*, pp.121—122。

45. 见 Gasiorek, *J.G. Ballard*, p.129。

46. J.G. Ballard, "The Ultimate City" (1978), in Ballard, *The Complete Short Stories*, p.915。

47. 见 Gasiorek, *J.G. Ballard*, p.133。

48. Graeme Wearden, 'More Plastic Than Fish in the Sea by 2050, Says Ellen MacArthur', *The Guardian*, 19 January 2016, guardian 网站。

49. 见 James Lovelock, "Gaia as seen through the Atmosphere", *Atmospheric Environment*, 6 (1972), pp.579—580。

50. 相关电视节目见 Mark S. Jendrysik, "Back to the Garden: New Visions of Posthuman Futures", *Utopian Studies*, xxii/1 (2011), pp.34—51。On *Life after People*, 见 Christine Cornea, "Post-apocalyptic Narrative and Environmental Documentary: The Case of 'Life after People'", in *Dramatising Disaster: Character, Event, Representation*, ed. Christine Cornea and Rhys Owain Thomas (Cambridge, 2013), pp.151—166。

51. 关于 *The Day of the Triffids* 一书中被废弃的伦敦和自然，见 Dobraszczyk, *The Dead City*, pp.29—32。

52. 见 "Theaster Gates: Sanctum/2015, Situations"。

53. 见 Mark Brown, "U.S. Artist Theaster Gates to help Bristol Hear Itself in First UK Public Project", *The Guardian*, 20 July 2015, guardian 网站。

54. 关于盖茨的其他作品见 Carol Becker and Achim Borchardt-Hume, *Theaster Gates* (London, 2015)。

55. 例见 Stephen Graham, *Cities Under Siege: The New Military Urbanism* (London, 2011)。

56. Evan Calder Williams, *Combined and Uneven Apocalypse* (Winchester, 2011), p.41。

57. John Berger, "Rumor", preface to Latife Tekin, *Berji Kristin: Tales from the Garbage Hills* (London, 2014), p.8。

58. 例见 Sharon Zukin's classic account of the early regeneration of areas of New York City in *Loft Living: Culture and Capital in Urban Change* (New York, 1989)。

59. 例见 Sharon Zukin, *Naked City: The Death and Life of Authentic Urban Places* (Oxford, 2011)。

60. Calder Williams, *Combined and Uneven Apocalypse*, p.42。

61. Ibid., p.15。

62. Lebbeus Woods, *War and Architecture* (New York, 1993)。

63. 见 Lebbeus Woods, "Radical Reconstruction", in Woods, *Radical Reconstruction* (New York, 2004), p.21。

64. Ibid。

65. 吉布森的作品见 Dani Cavallaro, *Cyberpunk and Cyberculture: Science Fiction and the Work of William Gibson* (New Brunswick, NJ, 2000)。

66. William Gibson, *Virtual Light* [1993] (London, 1994), p.58。

67. 见 Carl Abbott, *Imagining Urban Futures: Cities in Science Fiction and What We Might Learn from Them* (Middletown, CT, 2016), pp.217—220, and Michael Beehler, "Architecture and the Virtual West in William Gibson's San Francisco", in *Postwestern Cultures: Literature, Theory, Space,* ed. Susan Kollin (2007), pp.82—95。

68. Gibson, *Virtual Light*, p.163。

69. 见 Amy Frearson, "Megalomania by Jonathan Gales", *Dezeen*, 7 March 2012, dezeen 网站。

70. 关于成为废墟的未完成建筑见 Paul Dobraszczyk, *The Dead City: Urban Ruins and the Spectacle of Decay* (London, 2017), pp.189—213。

71. 关于占领活动见 Noam Chomsky, *Occupy* (London, 2012); and David Harvey, *Rebel Cities: From the Right to the City to the Urban Revolution* (London, 2013)。

72. 关于占领纽约和建筑见 Reinhold Martin, "Occupy: What Architecture Can Do", *Places Journal* (November 2011), doi 官网。

73. 关于非正式城市的资料为数众多，其中两篇关于非正式城市全球蔓延状况的优秀概论分别是 Mike Davis, *Planet of Slums* (London, 2006), and Robert Neuwirth, *Shadow Cities: A Billion Squatters, a New Urban World* (London, 2004)。

74. Davis, *Planet of Slums*, p.19。

75. 见 John Turner, *Housing by People* (London, 1976)；Robert Fichter, ed., *Freedom to Build: Dweller Control of the Housing Process* (New York, 1972)，and Justin McGuirk, *Radical Cities: Across Latin America in Search of a New Architecture* (London, 2015)。

76. McGuirk, *Radical Cities*, p.25。

77. Ibid., p.26。

78. 格拉夫斯和马德克 - 琼斯的影像作品见 london-futures 网站，21 August 2018。这一系列数码图像以大型背光透明板的形式在伦敦博物馆 (Museum of London) 的 "来自未来的明信片" 展览中展出，展期为 2010 年 10 月至 2011 年 3 月。

79. 关于 *Postcards from the Future* 系列的东方化趋势，见 Andrew Baldwin, "Premediation and White Affect: Climate Change and Migration in Cultural Perspective", *Transactions of the Institute of British Geographers*, XLI/1 (2015), pp.78—90。

80. 这一系列摄影作品见艺术家官网，或见 Alessandro Imbriaco, Noah Addis and Aaron Rothman, "Makeshift Metropolis", *Places Journal* (June 2001), doi 官网。

81. 见 McGuirk, *Radical Cities*, pp.80—98。基本元素事务所随后还在智利的孔斯蒂图西翁 (Constitución)(2010 年地震之后)、墨西哥的蒙特雷 (Monterrey)、危地马拉 (Guatemala) 和秘鲁等地实验了他们的半成品住宅理念。关于金塔蒙罗伊公屋项目的短片参见基本元素事务所官网。

82. 全系列所有图片见艺术家官网。

83. Bryan Finoki, "Squatter Imaginaries", *Subtopia* (28 November 2007), subtopia 网站。

84. Ibid。

85. 这本书是 Alfredo Brillembourg and Hubert Klumpner, eds, *Torre David: Informal Vertical Communities* (Zurich, 2012); 电影是 *Torre David* (2013)。其他影片还有 BBC 记者奥利·兰伯特 (Olly Lambert) 于 2014 年拍摄的电影《委内瑞拉的梦想高楼》(*Venezuela's Tower of Dreams*)。

86. 见 McGuirk, *Radical Cities*, pp.179-180。

87. 见 Virginia Lopez, "Caracas's Tower of David Squatters Finally Face Relocation after 8 Years", *The Guardian*, 23 July 2014。

88. McGuirk, *Radical Cities*, p.202。

89. Ibid., p.203。

90. Ibid., p.206。

91. 关于成长型住宅项目见 Urban Think Tank 官网。

92. 见 McGuirk, *Radical Cities*, pp.201—202。

93. 见 u-tt 网站, 21 August 2018。

94. 见 Nate Berg, "From Theaster Gates to Assemble: Is There an Art to Urban Regeneration?", *The Guardian*, 3 November 2015。

95. McGuirk, *Radical Cities*, p.205。

96. Rebecca Solnit, "The Ruins Memory" (2006), in *Storming the Gates of*

Paradise: Landscape for Politics (Berkeley, ca, 2007), pp.351—370。

97. 见 Davis, *Planet of Slums*, p.47。

98. 见 Dirk E. Hebel, Marta H. Wisniewska and Felix Heisel, *Building from Wastes: Recovered Materials in Architecture and Construction* (Basel, 2014)。

99. 见 Davis, *Planet of Slums*, pp.33—169。见 also Alejandro Bahamon and Maria Camila Sanjines, *Rematerial: From Waste to Architecture* (London, 2010)。

100. Hebel, Wisniewska and Heisel, *Buildingfrom Wastes*, p.7。

101. Ibid., pp.33—169。

102. 关于废物速用计划见 Terreform 网站。

103. 见 Mitchell Joachim, "City and Refuse: Self-reliant Systems and Urban Terrains", in Hebel, Wisniewska and Heisel, *Buildingfrom Wastes*, pp.22—23。

104. Ibid., p.23。

105. 关于 *WALL-E* 见 Christopher Todd Anderson, "Post-Apocalyptic Nostalgia: WALL-E, Garbage, and American Ambivalence toward Manufactured Goods", *Lit: Literature Interpretation Theory*, xxiii/3 (2012), pp.267—282; and Hugh McNaughton, "Distinctive Consumption and Popular Anti-consumerism: The Case of *Wall*E*", *Continuum*, xxvi/5 (2012), pp.753—766。

106. John Scalzi, ed., *Metatropolis* (New York, 2009), pp.9—11。

107. Jay Lake, "In the Forests of the Night", in *Metatropolis*, ed. Scalzi, pp.13—

77。

108. Tobias S. Buckell，"Stochasti-city"，in *Metatropolis*, ed. Scalzi, p.127。

109. Elizabeth Bear，"The Red in the Sky Is Our Blood"，in *Metatropolis*, ed. Scalzi, p.165。

110. 见 Abbott, *Imagining Urban Futures*, p.211。

111. China Mieville, *Perdido Street Station* (London, 2000), p.157。

112. Ibid., pp.255—256。

113. Ibid., pp.547—548。

114. Ibid., p.51。或见 Joan Gordon，"Hybridity, Heterotopia, and Mateship in China Mieville's *Perdido Street Station*"，*Science Fiction Studies*, xxx/3 (2003), pp.456—476。

谢 辞

　　我之所以能开始这项研究，是因为获得了独立社会研究基金会（Independent Social Research Foundation）于 2016 年颁发的独立学术研究奖学金（Independent Scholar Research Fellowship）的支持，在此我向该基金会表示极大的谢意。我要感谢曾工作于"化学反应"（Reaktion）出版社的本·海耶斯（Ben Hayes），是他开启了这本书的出版计划，感谢薇薇安·康斯坦丁诺普洛斯（Vivian Constantinopoulos）参与了本次项目。同样非常感谢巴特莱特建筑学院（Bartlett School of Architecture）通过学院的建筑研究基金会（Architecture Research Fund）提供资金支持，支付书中某些图片的版权费。许多人慷慨地向本书提供了图片，我在此特别感谢伊万·巴恩（Iwan Baan）、蒂亚戈·巴罗斯、卢克·克劳利、保罗·克雷顿、约翰·邓特、莱伯斯·伍兹基金会（the Estate of Lebbeus Woods）、布拉德利·加勒特、迪奥尼西奥·冈萨雷斯、斯科特·霍金、米切尔·乔希姆、麦克尔·科尔伯、安德鲁·库德勒斯（Andrew Kudless）、安东尼·刘、杰弗里·林恩、马克斯·麦克鲁尔（Max McClure）、玛丽·马丁利、艾瑞克·中岛、克里斯托巴·帕尔玛（Cristobal Palma）、狄安娜·佩瑟布里奇、加文·罗伯森、亚历克西斯·洛克曼、旧金山现代艺术博物馆（San Francisco Museum of Modern Art）、斯昆特/欧普拉工作室、托马斯·萨拉切诺工作室、斯蒂芬·肖、"垂直线"出版社（Vertical Inc.）和菲利普·维尔（Philip Vile）。

　　我的研究和写作工作深受我在伦敦巴特莱特学院持续至今的教学经历影响，我很荣幸成为这个杰出创意机构的一员。我感谢所有学生对我的启发和挑战，帮助我跳出自己的学术舒适区进行思考，其中特别感谢理查德·布林（Richard Breen）和安东尼·高（Anthony Ko）花时间与我讨论他们毕业季的设计计划。本书也从我在2018年5月与伦敦大学学院城市实验室（UCL Urban Lab）、罗宾·威尔森（Robin Wilson）和芭芭拉·潘纳（Barbara Penner）共同组织的研讨会"迁移的城市：激进城市未来与气候灾难"（Unmoored Cities: Radical Urban Futures and Climate Catastrophes）中受益良多。感谢巴特莱特学院通过建筑项目基金会（Architecture Projects Fund）赞助了本次活动，感谢伦敦大学学院城市实验室的本·康普金（Ben Campkin）和乔丹·罗威（Jordan Rowe）、芭芭拉·潘纳，以及参与本次研讨会的所有演讲嘉宾：C.J. 林姆（C.J. Lim）、维多利亚·瓦尔丁（Viktoria Walldin）、罗伯·拉·弗雷纳（Rob La Frenais）、萨沙·恩格曼（Sasha Engelmann）、丹迪·卢文森（Thandi Loewenson）、玛姬·吉、瑞秋·阿姆斯特朗、珍妮佛·加布里斯（Jennifer Gabrys）、罗宾·威尔森、马修·巴切尔（Matthew Butcher）、肖恩·穆瑞（Shaun Murray）、迪恩·萨利（Dean Sully）、佩内洛普·哈拉兰比杜（Penelope Haralambidou）和乔纳森·希尔（Jonathan Hill）。

本书第一章的早前版本以"沉没的城市：气候变化、未来城市和沉没意象"（Sunken Cities: Climate Change, Urban Futures and the Imagination of Submergence）为名发表于《国际城市与地区研究杂志》2017 年第 41 卷第 6 期，第 868—887 页 [International Journal of Urban and Regional Research, XLI/6（2017）, pp. 868‑887]。第五章是由我在《全球地下探险：揭秘城市内核》（ Global Undergrounds: Exploring Cities Within ）（伦敦，2016 年）一书中的零星段落积攒而成，而第六、第七章则在一开始发表于《死亡之城：城市废墟与破败奇观》（ The Dead City: Urban Ruins and the Spectacle of Decay ）（伦敦，2017 年）的文章基础上发展而来。

最后，我要感谢丽莎（Lisa）和艾拉（Isla），她们耐心地承受了我在写作过程中的种种焦虑，自始至终想方设法助我渡过难关。我的父亲领我进入建筑的世界，竭尽全力地支持我的研究和写作，尽管我没有追随他的脚步成为一名建筑师。为了感谢他的鼓励与启发，我谨以此书献给我的父亲。

图片授权致谢

　　作者与出版社希望在此感谢以下单位提供的图片材料及版权。我们业已竭尽全力联系版权所有者，如有疏漏或错误，请与出版社联系，我们将在后续版本中予以更正。

图书在版编目（CIP）数据

未来之城：建筑与想象 /（英）保罗·多布拉什切齐克（Paul Dobraszczyk)著；刘忆译. — 重庆：重庆大学出版社，2022.10
书名原文：FUTURE CITIES: Architecture and the Imagination
ISBN 978-7-5689-3418-3

Ⅰ. ①未… Ⅱ. ①保… ②刘… Ⅲ. ①建筑艺术－英国 Ⅳ. ①TU－865.61

中国版本图书馆CIP数据核字(2022)第116006号

未来之城：建筑与想象
WEILAIZHICHENG:JIANZHU YU XIANGXIANG

［英］保罗·多布拉什切齐克 著

刘忆 译

责任编辑 李佳熙　　　装帧设计 媛　媛
责任校对 邹　忌　　　责任印制 张　策

重庆大学出版社出版发行
出版人　饶帮华
社址　（401331）重庆市沙坪坝区大学城西路21号
网址　http://www.cqup.com.cn
印刷　重庆俊蒲印务有限公司

开本:787mm×1092mm　1/16　印张：18.5　字数：240千
2022年10月第1版　2022年10月第1次印刷
ISBN 978-7-5689-3418-3　定价：89.00元

版贸核渝字（2019）第100号